图 4 丹麦浅棕色水貂

图 5 咖啡色水貂

图 6 蓝宝石色水貂

图 7　银蓝色水貂

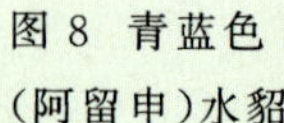

图 8　青蓝色（阿留申）水貂

图 9　米黄色水貂

图 10 珍珠色水貂

图 11 丹麦红眼白貂

图 12 黑十字水貂

图 13　棚舍喷雾消毒

图 14　小室内加 U 型铁网的垫草保温

图 15　给仔貂补饲

图 16　棚舍内洒水防暑

图 17　饲料加工间一角

图 18　运送饲料

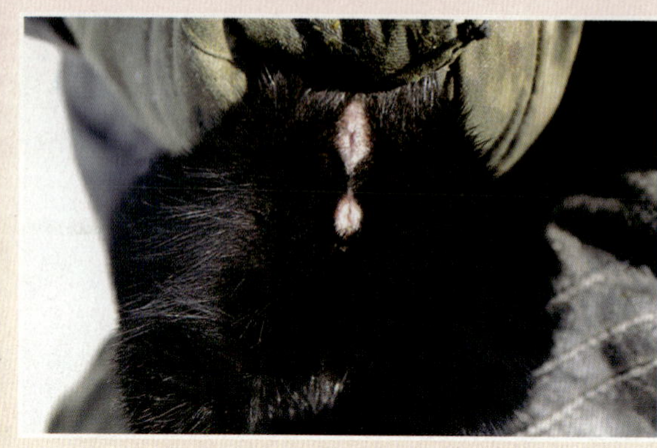

图 19 发情母貂的外阴部

图 20 交 配

图 21 公貂的射精动作

图 22 一窝健壮的金州黑色标准貂仔貂

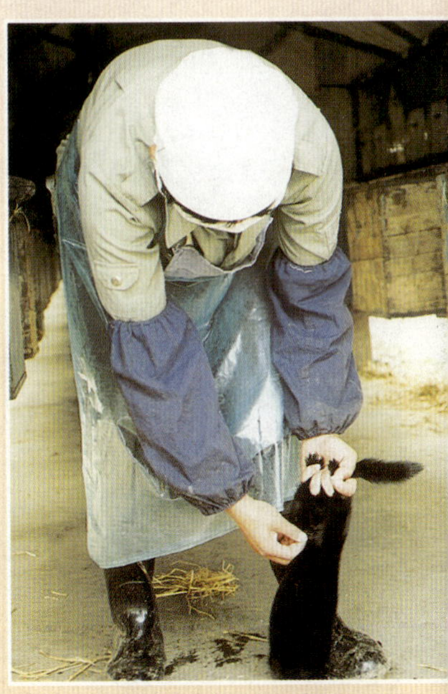

图 24 检查母貂泌乳及拔除乳房周围的毛

图 23 吃饱奶的仔貂腹部

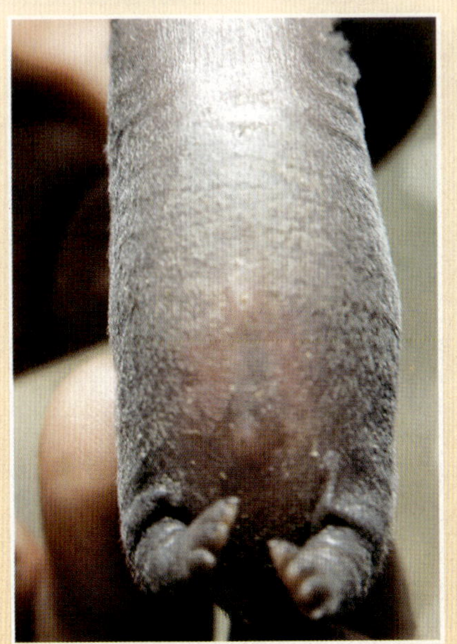

图 25　母貂叼入被代养的仔貂

图 26　母貂哺乳

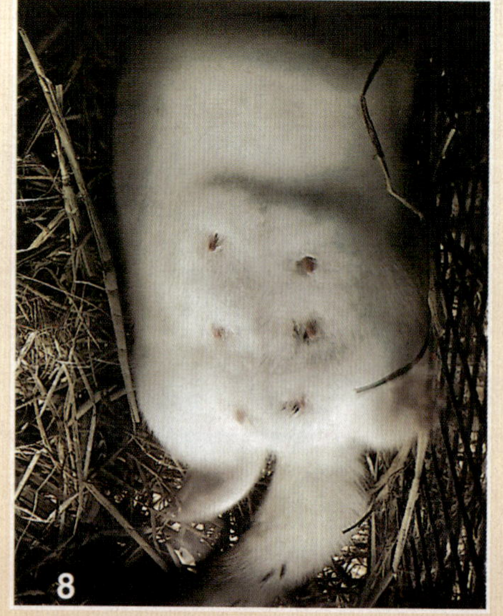

图 27　哺乳母貂的乳房

图 28 1月龄刚睁眼的水貂仔貂

图 29 剥取水貂皮

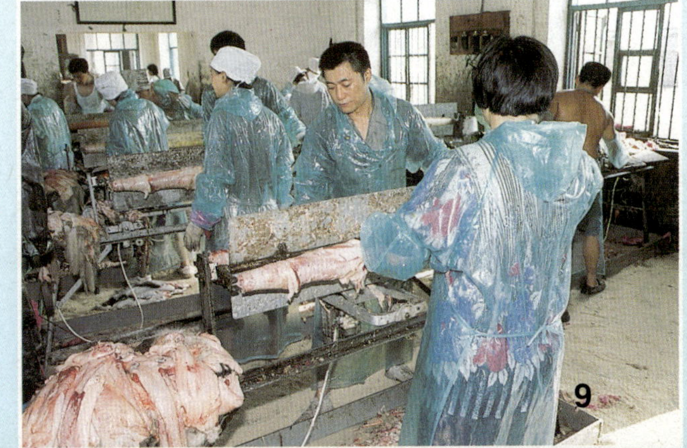

图 30 机械刮油

图 31 手工刮油

图 32 转鼓和转笼洗皮

图 33 后裆、尾部上楦定型

图 34　吹风干燥

图 36　水貂皮浸水鞣制

图 35　水貂皮风晾

图 37 鞣制车间一角

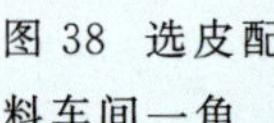

图 38 选皮配料车间一角

图 39 “孔翎牌”裘皮服装展销厅一角

图 40　水貂棚舍(正面)

图 41　水貂棚舍(侧面)

图 42 水貂棚舍排列

图 43 水貂棚舍间的绿化草坪

图 44 笼箱

图 45 容量 500 吨的冷库

图 46 金州水貂场远眺

图 47 南场俯瞰

图 48 北场远眺

实用水貂养殖技术

主　编

张志明

副主编

许和平　刘毅男

编著者

王孝胜　张桂生　毕全秀

王淑珍　张淑云　丛玉玲

滕玉华　李　娟　迂　兰

谢国志　李淑霞　杨传波

郭朝贵　王志勇　杨　超

审　定

佟煜人　朴厚坤

金盾出版社

内 容 提 要

本书紧密结合水貂的生产实际和各个工作环节，对水貂的品种类型、饲养管理、繁殖、选种选育、疾病防治、生产管理、水貂场的规划与建设、水貂产品的加工等作了系统、全面的介绍。内容翔实、技术先进、文图并茂、通俗易懂。适于有关科技工作者、水貂场员工、养貂户和管理人员阅读。

图书在版编目(CIP)数据

实用水貂养殖技术/张志明主编．—北京：金盾出版社，2001.3
ISBN 978-7-5082-1478-8

Ⅰ.实…　Ⅱ.张…　Ⅲ.貂-饲养管理　Ⅳ.S865.2

中国版本图书馆 CIP 数据核字(2000)第 88699 号

金盾出版社出版、总发行
北京太平路 5 号(地铁万寿路站往南)
邮政编码：100036　电话：68214039　83219215
传真：68276683　网址：www.jdcbs.cn
彩色印刷：北京精美彩印有限公司
黑白印刷：北京兴华印刷厂
装订：双峰装订厂
各地新华书店经销
开本：787×1092 1/32　印张：6.75　彩页：16　字数：139 千字
2007 年 2 月第 1 版第 8 次印刷
印数：61001—76000 册　定价：8.00 元

目　　录

第一章　水貂的品种和类型

金州水貂场建场40多年来，先后从丹麦、挪威、美国等8个国家引进种貂，采用不同国别种貂之间组合的杂交育种方法，已培育出10多种不同色型的优良水貂。其中彩色黑十字水貂和金州黑色标准水貂，其综合经济性状已达到国际先进水平，对促进我国养貂业向着高产、稳产、优质、高效的轨道健康发展，起到重要作用。

一、标准貂系列

（一）金州黑色标准水貂

金州黑色标准水貂是辽宁金州珍贵毛皮动物公司，历时11年（1988～1998）自行培育的新品种。在全面总结不同国别标准水貂在我国气候环境和饲养管理条件下多性状表现的基础上，以美国水貂为父本，丹麦水貂为母本，采用杂交育种的方法，经过组建基础貂群、杂交创新、横交固定、扩群提高4个阶段，并通过严格的选种、选配，重视幼貂培育，改善饲养管理，加强卫生防疫等综合技术措施培育而成的。金州黑色标准水貂育种研究成果，于1999年12月获得对外贸易经济合作部科技进步一等奖；并于2000年5月通过农业部畜禽品种审定委员会审定，确定为水貂新品种。

金州黑色标准水貂具有体型硕大，体躯略疏松，毛绒品质优良，生长发育快，繁殖力高，遗传性稳定，适应性强等优良特征(彩图 1)。

1. 体型硕大　成年公貂体重 2.46±0.22 千克，体长 47.6±1.8 厘米，成年母貂体重 1.14±0.12 千克，体长 40.2±1.8 厘米。体躯略疏松，体型丰满而略粗犷。

2. 毛绒品质优良　毛色深黑，背腹毛色一致，下颌无白斑，全身无杂毛，光泽感强。背、腹部毛绒长度差别不明显，公貂背、腹部针毛长分别为 21.2±0.9 毫米和 19.4±0.2 毫米，母貂背、腹部针毛长分别为 20.7±1.1 毫米和 17.9±1.9 毫米；公貂背、腹部绒毛长分别为 13.3±1.0 毫米和 10.1±0.8 毫米，母貂背、腹部绒毛分别为 12.5±0.9 毫米和 9.3±0.7 毫米。针绒毛的长度比例适中(1：0.71)，针毛平齐光亮，绒毛丰厚柔软。甲级皮率公貂为 89.09%、母貂为 90.38%。

3. 幼貂生长发育快　金州黑色标准水貂仔、幼貂 60 日龄前与亲本同期的生长发育大体相似，60 日龄以后体躯发育明显加快，一直至 180 日龄均高于双亲的同期。

4. 繁殖力高　金州黑色标准公貂利用率 90%以上，母貂受配率 97%以上，产仔率 85%以上，胎平均产仔数 6.23±0.29 只，仔貂成活率 90%以上，群平均育成数 4.59±0.19 只，均明显高于双亲。

5. 遗传性稳定　金州黑色标准水貂的体重、体长、胎产仔数、群平均育成数、针绒毛长度等主要经济性状的变异系数，均已稳定在较小的变异范围内。其体重遗传力为 0.66(亲子回归)，体长遗传力为 0.35(亲子回归)，证明其遗传基础基本一致和稳定。

6. 适应性强　金州黑色标准水貂耐粗饲，抗病力和适应性强。近年来金州水貂场已向黑龙江、山东、吉林、河北、江苏、北京、山西、宁夏等地输送该良种近 3 万头。这些省、市、区饲养环境差异很大，但其繁殖、幼兽生长发育、毛绒质量都保持和发挥了金州黑色标准水貂的良种特点，体现了很强的适应性。

到目前为止，金州水貂场已繁育金州黑色标准水貂 37.6 万只，加上社会的 9.3 万只，种群数约达 46.9 万只，已远远超过一般经济动物所规定的数量。

（二）美国短毛漆黑色水貂

1997 年由美国引进，毛被呈深黑色，毛绒短齐，鼻、眼部色泽深，真皮层内色素聚集，因而初生貂容易与其他标准貂区别。其体躯紧凑，体型清秀，体重略小于金州黑色标准水貂，但其针绒毛色更黑，针毛较短而更加平齐光亮。金州水貂场正在试用美国短毛漆黑色水貂与金州黑色标准水貂进行二元杂交，以更进一步提高金州黑色标准水貂的毛绒品质（彩图 2）。

（三）加拿大黑色标准水貂

与美国短毛漆黑色水貂相近，但毛色不如美国短毛漆黑色水貂深，体躯较紧凑，体型修长，背腹毛色不太一致。现为金州水貂场保种类型，作为育种材料储备饲养。

（四）丹麦标准色水貂

与金州黑色标准水貂体型相近，疏松型体躯，毛色黑褐，针毛粗糙，针绒毛长度比例较大，背腹部毛色不尽一致，但其适应性强，繁殖力高。金州水貂场现保种一部分纯繁种群，作为育种材料之储备。

二、丹麦棕色貂系列

(一)丹麦深棕色貂(Mahogany)

1998 年从丹麦引入,暗环境下与黑褐色水貂毛色相似,但光亮环境下,针毛黑褐色,绒毛深咖啡色,且随光照角度和亮度不同,毛色也随着变化,体型与金州黑色标准水貂相似,其毛皮属国际市场的流行色(彩图 3)。

(二)丹麦浅棕色貂(Scanbrown)

1998 年从丹麦引入,体型较大,针毛颜色呈棕褐色,绒毛呈浅棕咖啡色,活体颜色较深,棕色鲜艳(彩图 4)。

三、彩色水貂系列

彩色水貂是黑褐色水貂的突变型。彩貂皮多数色泽鲜艳,绚丽多彩,有较高的经济价值。

(一)咖啡色水貂

毛被呈浅褐或深褐色,体型较大,繁殖力高,被毛粗糙。这种水貂在组合色型上占有重要地位(彩图 5)。冬蓝色貂(Winterbin),玫瑰色貂(Rose),红眼白貂(Regal white)等组合色型貂都具有咖啡色水貂基因。

(二)蓝色水貂系列

1. 蓝宝石水貂(aapp)　又称青玉色貂,由银蓝色和青蓝色两对纯合隐性基因组成。毛被呈金属灰色，接近于天蓝色。银蓝青玉色貂的毛色较深，近于灰褐色。体躯紧凑，体型清秀。公貂体重1 850±85克，体长43.2±2.3厘米；母貂体重1 020±63克，体长36.1±1.8厘米，其生活力、繁殖力较低（彩图6）。

2. 银蓝色水貂（pp） 又称铂金色水貂，是最早（1930年）出现的毛色突变种。毛被呈类似于浅褐色的金属灰色，毛色深浅变化较大，体躯疏松，体型较大，被毛较粗，繁殖力高，适应性强，在彩色水貂的组合色型上占有重要地位。金州水貂场近年向较浅的色型方向培育，浅色银蓝貂与蓝宝石色相近，鞣制加色后酷似蓝宝石色（彩图7）。

3. 青蓝色水貂（aa） 又称阿留申貂，体躯紧凑，体型清秀，毛被深灰色，针毛深灰色，绒毛浅蓝色（彩图8）。这种水貂体质较弱，抗病力差，阿留申病感染率高。培育组合色型水貂时常用此种貂，如蓝宝石貂、冬蓝色貂等。

（三）黄色水貂系列

1. 米黄色水貂（bpbp） 毛被色泽由浅棕黄色至浅米黄色，眼呈粉红色，体躯疏松，体型较大，繁殖性能良好（彩图9）。培育组合型彩貂时用此貂。

2. 珍珠色水貂（pp bpbp） 由银蓝和米黄色两对纯合隐性基因组合而成。体躯、体型同米黄色水貂。毛色为棕灰色，眼呈粉红（彩图10）。

（四）白色水貂系列

1. 引进的丹麦红眼白貂（bbcc） 1998年由丹麦引进，由咖啡色水貂和白化水貂两对隐性基因组合而成。毛被乳白色，眼呈粉红色，繁殖性能较好，胎平均成活4只。体型较大，针毛短平齐，成龄公貂体重2 135±72克，体长44.9±1.5厘米，成龄母貂体重1 100±59克，体长38.3±2.1厘米(彩图11)。

2. *吉林白水貂*(bbcc)　是由中国农业科学院特产研究所从1966年开始，经过15年的杂交育种，特别是选用深咖啡色貂和黑褐色貂两个母本，同时又经过8年选育提高，远血缘选配而培育的新种。

吉林白水貂全身呈现均匀一致的乳白色，被毛丰厚灵活，具有较强的光泽，针毛平齐，分布均匀，毛挺直，但较新引进的丹麦红眼白貂粗糙而长。头形圆大，嘴略钝，粉红色眼睛，体躯粗大而长，具有耐粗饲、饲料利用率高、生长发育较快、抗病力较强、生产性能较稳定等优点。

(五)黑十字水貂系列

1. *黑十字水貂*　毛色特征黑白两色相间，黑色毛在背线和肩部构成明显的黑十字图案，毛绒丰厚而富有光泽，针毛平齐，针绒毛层次分明，毛皮成熟较早，11月中下旬可取皮。体侧混杂有较多黑色毛，整个毛色图案新颖美观(彩图12)。生产性能良好，群平均成活4.5只左右，成年公貂体重1 800～1 900克，体长45.2±0.94厘米，成年母貂体重850～950克，体长38.2±0.79厘米。

黑十字水貂是黑褐色水貂的显性突变型，基因型有SS与Ss两种。纯合型(SS)个体能够正常成活，身躯被毛呈白色，在头顶部和尾根部有几块黑斑，背肩和体两侧有散在的黑色针毛。Ss个体则黑毛明显增多，形成典型的黑十字，但个体之间有较大的变异幅度。黑十字水貂的毛皮质量，毛色占有很重要的地位，毛色要求是十字图案较为规整，新颖美观，其他部位的黑毛数量和分布不宜过多。在选育时要严格选择典型黑十字毛色的水貂，黑毛过多或十字形毛色图案不明显的公、母貂不能留种。

2. 彩色十字水貂　彩色十字貂是黑十字水貂与彩貂杂交选育而成，其基本毛色是在各种彩貂颜色的基础上头背部兼具十字貂的黑褐色色斑。彩色十字貂是金州水貂场的育种科技成果，“金州黑十字水貂育种成果”曾荣获 1981 年辽宁省科技进步二等奖。

第二章　水貂的饲养管理

一、水貂饲养时期的划分

水貂是季节性繁殖和换毛的动物。其各生物学时期的季节性变化非常典型和固定，且随日照周期的变化而有规律地体现。即秋分至春分的短日照阶段为秋季换毛，冬毛生长发育至成熟，性器官生长、发育至成熟，发情和交配的生理过程，这些生理变化称之为短日照效应。而春分至秋分的长日照阶段为交配结束，母貂妊娠、产仔、哺乳，春季换毛和幼貂生长发育的生理过程，这些生理变化称之为长日照效应。

在人工饲养条件下，根据水貂不同生物学时期的生理变化及其饲养管理特点，可将其一年划分为几个不同的饲养时期。这样便于加强饲养管理。金州水貂场水貂饲养时期的划分，与国内外其他地区大同小异(表 2-1)。

表 2-1 水貂生物学时期的划分

生物学时期	时间
准备配种期	9月下旬至翌年2月份
配种期	3月上、中旬
妊娠期	3月下旬至5月中旬
产仔哺乳期	4月下旬至6月下旬
种貂恢复期	4～8月份(公),7～8月份(母)
育成期	6月份至9月份
冬毛生长期	10月份至12月份

二、准备配种期的饲养管理

9月份至翌年2月份为水貂种貂的准备配种期,其间又可细分为准备配种前、中、后期。

(一)准备配种前期的饲养管理

1. 准备配种前期的生理特点　准备配种前期为9～10月间,正处于日照逐渐缩短的短日照阶段的初期。幼龄水貂体重、体长继续增长至体成熟,老、幼水貂夏毛迅速更换成冬毛,即秋季换毛最为明显的时期,也是气候转凉,水貂食欲增加,体内开始积存脂肪,以利于越冬的抓秋膘期。

2. 准备配种前期的饲养管理

(1)抓住时机,做好种貂复选工作　此期正是水貂秋季换毛最明显的时期,个体间换毛的早迟和快慢,直观上可一目了然。故应抓住良机按水貂种貂选种标准(详见本书第四章),做好种貂复选的工作。水貂换毛的早迟和快慢是其个体对日照周期变化敏感性高低的直观体现，并与其翌年的繁殖力息息相关。因此秋分以后，做好种貂复选工作是常年选种工作很重要的一个环节。

水貂的夏毛粗糙缺乏光泽，颜色也较浅（标准貂）和陈旧（彩貂），而新生冬毛色泽深黑（标准貂）光亮和艳丽（彩貂）。以尾尖、躯干两侧首先脱换，头部、尾根部较迟，鼻端、耳缘最后脱换。至10月中旬前正常换毛的水貂，周身夏毛应脱落完毕。

（2）种、皮貂分群饲养　种貂复选工作结束后，应立即将挑选出的种貂集中到笼舍南侧和双层笼舍的下列饲养，让种貂接受较充足的光照。淘汰的皮貂则集中于笼舍的北侧和双层笼舍的上列饲养，减少光照强度，以利于提高毛皮质量。

种、皮貂分群后根据其不同饲养目的，采取不同的饲料配方和营养标准。种貂尤其是新选入的当年幼貂，体长生长尚未结束，故饲料中应注重全价蛋白质的补给，以海杂鱼为主要动物性饲料的情况下，应适当补充一部分肉类或肉类副产品等全价蛋白质饲料。秋分以后随着冬毛的生长成熟，种貂的性器官也逐渐生长发育，繁殖所必需的维生素饲料也应适时供给。此期种貂的营养供给标准如表2-2所示，日粮的饲料配合比例和添加饲料如表2-3所示，经验的日粮配方见表2-4。

9月份日粮平均饲喂量350克，10月份375克。种貂体况应达中上等或略偏上，不宜喂得过肥。

表 2-2 水貂准备配种前期的营养标准 （100克）

性别	代谢能（千焦）	可消化营养物质		
		蛋白质(%)	脂肪(%)	碳水化合物(%)
公	1250	20～28	5～7	11～16
母	720	20～26	5～7	10～15

表 2-3 准备配种期的饲料配比 （%）

配比	鱼类	谷物(膨化)	蔬菜	水	合计
热量比	70	27	3	—	100
重量比	59.25	5.03	10.69	25	100

添加饲料 （克，毫克）

酵母	羽毛粉	食盐	维生素A（单位）	维生素E（毫克）	维生素B_1（毫克）	维生素C（毫克）	氯化钴（毫克）
4.0	1.0	0.5	1500	10	10	25	1.0

（二）准备配种中期的饲养管理

11～12月份为水貂准备配种中期，此期已进入冬季，天气日渐寒冷。饲养管理的主要任务是促进水貂冬毛成熟，促进性器官的迅速生长发育，保持种貂的良好体况，安全越冬。饲养管理上主要采取如下措施。

1. 认真做好种貂精选定群工作　冬至前后即12月下旬，根据水貂选种的综合评定标准(详见本书第四章)，对翌年留种水貂精选定群。此时对冬毛尚未达到完全成熟和食欲不佳、患病而体质瘦弱的个体一律淘汰。应对种貂逐只进行生殖器官形态检查，触摸公貂睾丸，发现隐睾、单睾、体积太小而发

表 2-4　准备配种期典型日粮配方　（每 100 只）

原料名称	热量比	重量比	每只克数	总克数	早量(35%)	晚量(65%)	备　注
海杂鱼(%,克)	70	59.23	218.75	21875	7656	14219	
膨化料(%,克)	27	5.13	18.58	1858	650	1208	
蔬　菜(%,克)	3	10.69	39.48	3948	1382	2566	
水(%,克)	—	25.05	92.48	9248	3237	6011	
大　葱(克)	—	—	2	200	70	130	
氯化钴(克)	—	—	0.001	0.1	0.035	0.065	水　溶
食　盐(克)	—	—	0.5	50	17.5	32.5	水　溶
酵母粉(克)	—	—	4	400	—	400	
羽毛粉(克)	—	—	1	100	100	—	
添加剂(克)	—	—	0.2	20	—	20	周二、四、六添加
鱼肝油(单位)	—	—	1500	—	—	1500	周一、三、五添加
维生素 E 油(毫克)	—	—	10	—	—	10	周一、三、五添加
维生素 B_1(毫克)	—	—	10	—	—	10	周二、四、六添加
维生素 C(毫克)	—	—	25	—	—	25	周二、四、六添加

育不良者及时淘汰取皮；检查母貂阴门，发现阴门位置离肛门太近或太远，阴门口狭小或扭曲等畸形者，亦要及时淘汰取皮。

2. 保持种貂的良好肥度　11～12月份保持种貂的良好肥度，公貂可达上等肥度，以利于种貂抗御冬季严寒。饲养上，日粮的营养标准和饲料的配合比例同准备配种前期。此期混合饲料喂给量可视种貂肥度较准备配种前期略多，日粮平均饲喂量450克左右。

3. 垫草保温，安全越冬　此期间应向种貂小室中絮入干燥的防寒垫草，通过垫草保温减少种貂抵御严寒的热能消耗，减少疾病发生，以利于安全越冬。此期加垫防寒垫草，易使种貂对垫草形成习惯性，还有利于母貂在产仔前的垫草保温，增加仔貂的成活率。水貂在寒冷季节最怕小室污秽潮湿，在这样的不良环境下，易患呼吸道等疾病，还增加其抗寒的热能消耗，不仅造成饲料的浪费，又易造成水貂体质消瘦而影响健康。

（三）准备配种后期的饲养管理

1～2月份是水貂准备配种期的后期。饲养管理的主要任务是调整种貂的体况，促进种貂性成熟和发情，为配种做好准备。

1. 调整种貂的繁殖体况　多年的生产实践已证明，种貂准备配种后期的体况调整，对提高其繁殖力具有重要的作用和意义。适宜的体况才有较高的繁殖力，过肥或过瘦的体况都会影响种貂的繁殖。

(1)体况鉴别的方法

①体重指数测定法：先将水貂捕捉保定，放在平面物体

上，使其躯干平顺延伸（图 2-1），在鼻端和尾根处用粉笔画点标记，再测量两点之间直线距离，即为其体长（单位：厘米）。再称量水貂的活体重量（单位：克）。利用以下公式计算其体重指数。实践证明：体重指数在 24～26 之间为适宜的繁殖体况。

体重指数 = 体重（克）/ 体长（厘米）

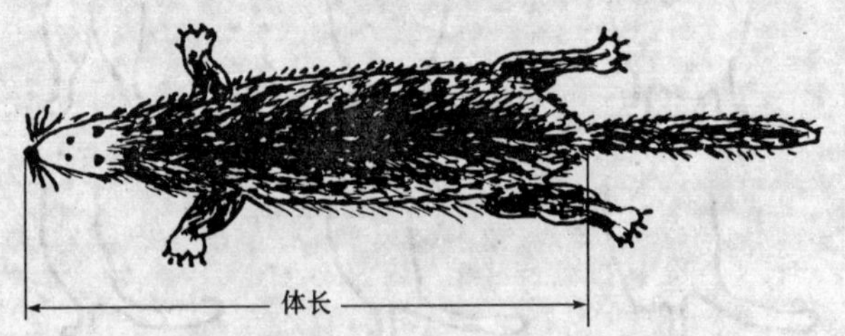

图 2-1　水貂体长测量

②目测法：体重指数测定法鉴别水貂体况虽然比较科学和准确，但在生产应用中操作起来费时而麻烦。故在生产实践中常以目测法鉴别，且简单易行。即逗引种貂在笼子的前壁笼网上站立，两后肢呈自然的分开状，此时透过前壁笼网的间隙，目视种貂的下腹部和腹股沟，以其肥胖程度来鉴别体况，可将种貂分为肥胖、适中和瘦弱 3 种体况。

第一，肥胖型体况。种貂躯体圆胖丰满，腹围大于臀围，后腹部凸形、松弛，向腹股沟部下垂（图 2-2 之 a）。

第二，适中型体况。种貂躯体匀称、清秀，腹围和臀围平齐或略小于臀围，后腹部略丰满，但平而不向腹股沟部下垂（图 2-2 之 b）。

第三，瘦弱型体况。种貂躯体瘦细，多数弓腰而弯曲，腹围明显小于臀围，后腹部收缩，腹股沟部凹陷成沟形（图 2-2 之 c）。

(2)不同类型种貂繁殖体况的要求　按常规适中型的体况，即属水貂的繁殖体况。然而由于水貂类型不同，其要求又不尽一致。金州水貂场要求标准貂和彩色水貂中体躯比较紧

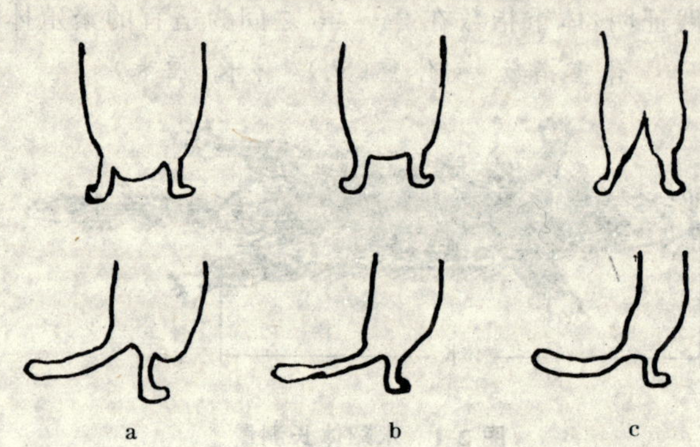

图 2-2　目测法鉴别水貂体况示意图

a. 肥胖型　b. 适中型　c. 瘦弱型

凑的丹麦红眼白貂、蓝宝石色彩貂和青蓝色彩貂的公貂达到适中体况，体重指数以 25 左右；而母貂则达到适中略偏瘦，即腹股沟部略有凹陷的体况，体重指数 24 左右为宜。其他类型的体躯疏松的彩貂，如吉林红眼白貂、银蓝色水貂、黄色系列彩貂和烟色系列彩貂，则要求公貂达到适中偏肥的体况，体重指数达到 26 左右；而母貂达适中体况，体重指数以 25 左右为宜。

(3)调整种貂繁殖体况的方法　调整种貂繁殖体况主要是采取群体调整和个体调整相结合的方法。

①群体调整：要求饲养员在准备配种中期，将全群种貂的体况调整到全群基本一致的水平。技术人员从 1 月初开始视不同群体的肥瘦情况，分别减加不同的饲料量。使种貂在喂前

1小时左右都有饥饿感，以绝大多数都到运动场上活动和寻食为宜。这样既可通过增加运动锻炼体质和逐渐减肥，又可通过增加自然光照而促进发情。群体体况调整应平稳而循序渐进的进行，忌用严厉饥饿的应急减肥方式，以免影响种貂的健康。

②个体调整：由饲养员负责完成。1月初饲养员应对全群个体在其小室箱上做好体况标记。以后至少每周检查1次。过肥的种貂除少给饲料外，还可减少小室垫草或短期将其关在运动场内，通过加大热能消耗而达到迅速减肥的目的。对瘦弱的种貂应及时对症治疗；无病者应加喂其喜爱的饲料，增加小室内保温垫草。

水貂体况调整即减肥期间，注意毛绒的光泽，如毛绒失去光泽，被毛粗糙，说明是营养不良的表现。由于运动量增加，渴欲增强，故应保证其饮水需要。

2. 促进种貂发情，增加异性刺激　准备配种后期正是其性器官迅速生长发育，直至成熟和发情的时期。虽然饲料供给量减少，但应减少其中谷物和蔬菜的供给量，使饲料的体积减少，而质量相对提高，尤其是维生素的供给量不能减少。如果饲料中的蔬菜量大为减少，还应增加维生素C的投给量。为了提高种公貂的精液品质，应补饲部分全价蛋白质饲料。日粮组成参见表2-3。1月份日粮平均饲喂量300克，2月份275克。

为了促进种貂发情，饲料中每隔2～3天投喂1次少量的葱、蒜类有刺激性气味的饲料（每只1～2克）。1月下旬和2月中、下旬，应对全群种貂逐只进行发情鉴定检查，检查后将部分公、母水貂交换笼舍，穿插排列，也可手抓发情母貂隔笼逗引公貂，通过增加异性刺激提高全群种貂的性兴奋。

3. 做好配种的准备工作　1月30日、2月10日和2月20日结合水貂配种技术培训和捉貂训练，对全群母貂进行外生殖器发情鉴定。1月30日有发情表现的母貂达全群母貂的90%以上时，才证明准备配种期饲养管理正常。如发情母貂少于这一比例，应及时查明原因，加强饲养管理。金州黑色标准水貂1月底至2月下旬母貂发情率的变化详见表2-5。

表2-5　金州黑色标准水貂发情进度表　(%)

类别		经产	初情	平均
第一次	Ⅲ	11.61	5.38	8.54
(1月30日)	Ⅱ	30.25	31.20	30.97
	Ⅰ	52.31	59.28	55.75
	0	5.01	4.44	4.73
第二次	Ⅲ	24.80	21.06	23.00
(2月10日)	Ⅱ	43.28	44.38	43.82
	Ⅰ	30.97	33.30	32.12
	0	0.83	1.25	1.04
第三次	Ⅲ	46.39	40.02	43.25
(2月20日)	Ⅱ	43.58	42.02	42.82
	Ⅰ	9.39	17.39	13.54
	0	0.23	0.55	0.37

注：Ⅰ为发情前期，Ⅱ为发情中期，Ⅲ为发情旺期，0为无发情征候

2月份应制定好水貂配种方案及各水貂群种貂选配计划。配种期所需各种物品，如捕貂网、捕貂笼、捉貂用的棉手套，以及显微镜及其他用品等也应准备齐全。搞好饲养人员技术培训和劳动组织安排工作。

三、配种期的饲养管理

3 月份是水貂的配种期。除按配种方案要求落实和做好水貂配种的各项技术环节工作(详见本书第四章)外,饲养管理上的主要任务是:维持种公貂的体况,提高其交配能力和精液品质,继续保持和控制种母貂的体况。

(一)配种期的饲养

1. 促进种公貂采食,防止体况急剧下降　种公貂配种期由于性欲亢奋而食欲降低,在饲养上应加强饲料的加工和调制,增加饲料的适口性。尤其是种公貂由于交配所消耗的体力较大,容易造成急剧消瘦而影响交配能力,故从 3 月 5 日至 20 日对配种公貂于每天晚饲中增补牛奶、肉、蛋、肝类饲料,并添加维生素 A 和维生素 E,日粮平均饲喂量 250 克左右。其日粮的配比见表 2-6,经验日粮配方见表 2-7。

表 2-6　水貂配种期饲料配比　(%)

配　比	鱼	膨化物	蔬　菜	水	合　计
热量比	70	27	3	—	100
重量比	59.25	5.08	12.67	23	100

添加饲料　(克)

酵母	食盐	羽毛粉	氯化钴	鸡蛋	狐肉	奶粉	维生素 A (单位)	维生素 B_1 (毫克)	维生素 C (毫克)	维生素 E (毫克)
4	0.5	1	0.001	10	17	20	1500	10	25	10

2. 保持种母貂的繁殖体况,防止发生过肥或过瘦的现象　种母貂在配种期体力消耗不如公貂那么大。交配受孕后,在

表 2-7　配种期日粮配方　（每 100 只）

原料名称	热量比	重量比	每只克数	总克数	早量(35%)	晚量(65%)	备注
海杂鱼(%,克)	75	64.11	234.23	23423	8198	15225	
膨化料(%,克)	23	4.34	15.85	1585	555	1030	
蔬　菜(%,克)	2	7.20	26.32	2632	921	1711	
水(%,克)	—	24.35	88.96	8896	3114	5782	
肉　类(克)	—	—	20	2000	—	2000	
蛋(克)	—	—	8	800	—	800	
奶粉(克)	—	—	4	400	—	400	
氯化钴(克)	—	—	0.001	0.1	0.035	0.075	水溶
食　盐(克)	—	—	0.5	50	17.5	32.5	水溶
酵母粉(克)	—	—	4	400	—	400	
羽毛粉(克)	—	—	1	100	100	—	
添加剂(克)	—	—	0.4	40	—	40	周二、四、六添加
鱼肝油(单位)	—	—	1500	—	—	1500	周一、三、五添加
维生素 E 油(毫克)	—	—	10	—	—	10	周一、三、五添加
维生素 B_1(毫克)	—	—	10	—	—	10	周二、四、六添加
维生素 C(毫克)	—	—	25	—	—	25	周二、四、六添加

3月份内由于胚泡处于滞育期，受精卵并不附植和发育，营养消耗也不增加。因此，配种期仍应保持其准备配种期后期即配种前的体况，防止发生过肥或过瘦的现象，尤其是不能使母貂的体况偏肥，否则在妊娠期内不利于为其增加营养。如果配种期种母貂体况偏肥，则妊娠期必然形成过肥体况，这对提高繁殖力是很不利的。

配种期早饲一般在配种后1小时（上午8时左右）进行，晚饲在15时进行。

3. *保证充足和洁净的饮水*　除常规供水外，放对的前后还要各增加1次饮水。

（二）配种期的管理

1. *保证种貂疲劳的恢复和饲养人员休息*　配种期是水貂生产管理中最繁忙的一段时间，加之水貂的放对又需要在清晨较寒冷的时候起早进行，所以工作量很大又很辛苦。配种期应讲究提高劳动效率，要按母貂发情时间排序，于头一天做好次日的种貂放对安排。放对过程中严防跑貂，尽量缩短放对配种的有效时间。放对结束和完成必要的饲养管理工作后，除值班人员外，全场其他人员一律撤离，给种貂创造一个安静环境，在保证人员休息的同时，也保证种貂疲劳的恢复。初配阶段每日上午只放对1次，复配阶段有必要放对两次时，两次放对时间间隔至少在4小时以上，不能频繁放对，同时防止母貂被咬伤。

2. *严防跑貂和错捉错放*　配种期极易跑貂。故应加强笼舍检修和加固工作。场内应多设置自动捕捉箱，以便及时捕捉跑出的种貂。

在发情检查和放对的操作中亦应防止跑貂和错捉错放。

放对时种貂的号牌应同时携带。

3. 认真做好配种记录和登记　水貂的配种记录是种貂系谱的重要依据和档案。应及时、准确地做好记录、登记、统计和归档工作。每日及时做好日报。

4. 做好配种结束后的收尾工作　配种结束后应及时对种公貂进行筛选。对交配能力低、精液品质差和有撕咬母貂恶癖的种公貂，及时屠宰取皮，以降低饲养成本。对准备翌年继续留种的优良种公貂，则应加强饲养管理，促进其体况的恢复。日粮供给仍按配种期的标准，待体况恢复后再转为静止期的饲养。

四、妊娠期的饲养管理

（一）妊娠期的生理特点

母貂配种受胎至分娩这段时间为其妊娠期。水貂妊娠天数在个体间变动范围极大，金州黑色标准水貂多数在 40～55 天，平均 47 天左右，少者短至 37 天，长至 81 天，其原因主要是水貂的胚泡存在一个滞育期（潜伏期）的结果。

水貂的妊娠期分为 3 个阶段。第一阶段为卵裂期（经常期），是卵子受精后，经 5～6 次分裂形成桑葚胚并继而形成胚泡的阶段。这时胚泡已移到子宫角内 6～8 天。第二个阶段为滞育期（潜伏期），是胚泡在子宫角内游离而未附植的阶段，一般为 6～31 天。第三个阶段为胚胎期（胎儿发育期），是胚泡在子宫角附植并迅速发育至胎儿成熟的阶段，通常为 30 天左右的时间。水貂胚泡附植的时间大多集中于 4 月初，而胎儿迅速生长发育的时间是在 4 月上旬以后。因而 4 月中旬前营养需要并不需明显增加，从 4 月中旬开始营养需要增加。

（二）妊娠期的饲养

水貂妊娠期，尤其是胎儿发育期营养需要增高，除满足自身生命活动和胎儿生长发育所需要的营养物质外，还要为产后哺乳积存一部分营养，因此饲料的供给要分阶段地调整。

1. 日粮配合　妊娠前期即 4 月上旬前，因妊娠母貂营养需要不必增加，故仍采用配种期的日粮标准。4 月中旬以后采用妊娠期的营养标准（表 2-8），日粮配比和添加饲料如表 2-9，其经验日粮配方如表 2-10。平均饲喂量为 350 克。

表 2-8　水貂妊娠、泌乳期营养标准　（100 克）

代谢能（千焦）	可消化营养物质（克）		
	蛋白质	脂　肪	碳水化合物
1141.66	25～28	8～12	15～17

表 2-9　水貂妊娠、泌乳期日粮配比　（%）

配　比	鱼　类	肉　类	膨化料	蔬　菜	水	合　计
热量比	75	5	18	2	—	100
重量比	62.5	3	3.8	7	23.7	100

添加饲料　（克）

酵母	食盐	羽毛粉	鸡蛋	狐肉	氯化钴	添加剂	维生素 A（单位）	维生素 B_1（毫克）	维生素 C（毫克）	维生素 E（毫克）
4	0.5	1	10	17	0.001	0.4	1500	10	25	10

2. 饲料质量和加工要求　妊娠期水貂抵抗力较低，极易患消化道的疾病。因此要严格把好饲料关及其加工的质量关。

表 2-10 水貂妊娠期日粮配方 (每 100 只)

原料名称	热量比	重量比	每只克数	总克数	早量(35%)	晚量(65%)	备注
海杂鱼(%,克)	75	64.11	234.23	23423	8198	15225	
膨化料(%,克)	23	4.34	15.85	1585	555	1030	
蔬菜(%,克)	2	7.20	26.32	2632	921	1711	
水(%,克)	—	24.34	88.96	8896	3114	5782	
蛋(克)	—	—	8	800	—	800	
奶粉(克)	—	—	4	400	—	400	
氯化钴(克)	—	—	0.001	0.1	0.035	0.065	水溶
食盐(克)	—	—	0.5	50	17.5	32.5	水溶
酵母粉(克)	—	—	4	400	—	400	
羽毛粉(克)	—	—	1	100	100		
添加剂(克)	—	—	0.4	40	—	40	周二、四、六添加
鱼肝油(单位)	—	—	1500	—	—	1500	周一、三、五添加
维生素 E 油(毫克)	—	—	10	—	—	10	周一、三、五添加
维生素 B_1(毫克)	—	—	10	—	—	10	周二、四、六添加
维生素 C(毫克)	—	—	25	—	—	25	周二、四、六添加

妊娠期水貂的饲料要做到：品质新鲜，种类稳定，营养完全，适口性强。

(1)品质新鲜　妊娠期喂给的饲料品质必须新鲜，冷藏的肉鱼类饲料贮存期不宜超过半年时间，谷物饲料绝不能有发霉现象，蔬菜亦不能有轻微的腐烂和变质。死因不明的畜禽和含有激素类的饲料也不能用来饲喂妊娠水貂。

(2)种类稳定　应当制定和落实水貂妊娠期所用饲料的采购计划，各种饲料的数量和质量要保持稳定。否则，饲料种类或质量的突变，会影响种貂的食欲和采食，对妊娠造成不良影响。

(3)营养完全　水貂妊娠期由于胎儿的生长发育，必须提供全价的营养。动物性饲料中除海杂鱼外，还必须提供部分肉、蛋、乳、血、肝等含有必需氨基酸的全价蛋白质饲料，并添加各种维生素和微量元素类饲料。金州水貂场通过补饲上述饲料来达到日粮的营养完全。

(4)适口性强　通过饲料品种的筛选，保证品质新鲜和精细的加工来增强饲料的适口性。如发现种貂食欲不佳，应马上查明原因，及时调整。

饲料的加工调制在妊娠期更要加倍精心，要保证饲料品质的新鲜，各种饲料称量要准确，添加饲料要搅拌均匀。金州水貂场添加的维生素制剂是滴加在每个种貂饲料的上面，虽然饲养上比较麻烦，但却保证了种貂需要量。要重视饲料室的卫生管理，加工器械及时洗刷消毒，防止病原微生物的污染。

3. 继续控制种母貂的繁殖体况　妊娠期母貂如不注意控制体况，很容易将母貂养肥，因此必须分阶段地控制种母貂体况。4 月上旬前种母貂仍维持配种的体况，即寒冷地区（北纬 40°以北）维持中等体况，温暖地区（北纬 40°以南）维持中等略偏下的体况;至临产前不论寒冷地区还是较温暖地区都要达到中等或略偏上的体况,这样才有利于发挥其高繁殖力。切忌在临产前把妊娠母貂养成上等体况,否则胎儿发育大小不均,难产增多,母貂产后无乳或缺乳,严重影响产仔和仔貂保活。

(三)妊娠期的管理

1. 给妊娠母貂创造安静的生活环境　水貂进入妊娠期以后,行为变得安稳,经常仰卧于笼网上晒太阳,喜静厌惊。故应尽量给妊娠母貂创造一个安静的环境条件。饲养管理操作时,应尽量避免大的声响或噪音刺激,谢绝非场内工作人员入场参观。

2. 加强对妊娠母貂的观察　饲养人员入场工作的第一件事,就应对全群母貂逐一地观察。察看母貂的采食(食欲)、饮水、排便和精神等是否正常,及时发现患病的母貂。如个别母貂出现异常现象,应查找原因并对症处理;如全群母貂普遍出现异常现象,应及时报告场里,马上采取相应的技术措施。妊娠母貂最怕出现消化不良和肠炎的症状,即使是有轻微的苗头,也不能掉以轻心。

3. 做好产仔准备工作

(1)笼底上加垫小眼笼网　刚产出的仔貂个体小,很容易从笼底的网眼中漏到地上而造成损失。因此,在母貂产仔前(4 月 16 日前),应在笼网底上加垫 1 层密眼的垫网。不要等到母貂产仔后再加垫,那样会对母貂造成惊恐和干扰。

(2)做好小室消毒和铺垫草　母貂产仔前应对小室(产箱)和笼舍进行消毒。消毒最好采用火焰消毒法,简单易行。亦可用 2%的热碱水洗刷消毒产箱。金州水貂场近年采用喷洒

“菌毒敌”的方法进行消毒，简便易行，效果较好。消毒的产箱再铺上干燥、洁净的保温垫草（彩图13）。

小室里铺保温垫草对提高初生仔貂的成活率至关重要，因此要认真做好。先将草捆打开，将草抖落成交错状的草铺，两手上下夹起草铺从小室上口压入小室内，箱底和四角要压实，侧壁的草再弯压在小室的上方，中间留有空隙以便母貂进一步整理做窝。在母貂临产前几天，还要对小室里的垫草检查1次，如不符合要求（如小室底部垫草太少、四角有缝隙）应重新再铺。金州水貂场近年来在小室内加钉一圈U形铁网，铁网与小室内壁间留有2厘米宽的缝隙，与小室底之间留有5厘米的缝隙，垫草时将草塞在这些缝隙中即可（图2-3）。这种方法简单易行，且一劳永逸，优于传统的垫草方式（彩图14）。

图2-3　小室内加设U形铁网的垫草示意图

五、产仔泌乳期的饲养管理

（一）产仔泌乳期的生理特点

水貂产仔期一般为4月中旬至5月中旬。金州水貂场为

4月16日至6月1日，旺期在4月25日至5月5日。水貂泌乳期一般人为限制在40日龄内，分窝离乳时间多在6月上旬至7月上旬。这时母貂因哺育仔貂，营养消耗最大，体况逐渐消瘦。

此期饲养管理的中心任务是保证哺乳母貂的营养需要，提高母乳的产量和质量，提供仔貂赖以生存和生长发育的环境条件，最大程度地提高仔貂成活率。

（二）产仔泌乳期的饲养

1. 日粮配合　母貂产仔后因哺乳需要，新陈代谢水平加强，营养需要和消耗明显增加。为保证母貂的营养需要和乳汁的质量，防止其体重过度下降，日粮的配合比例应保持妊娠后期的水平，或动物性饲料比例略高于妊娠后期的水平。为促进母貂泌乳，应适量增加脂肪和乳、蛋等催乳饲料的补给。

2. 不再限制饲料的供给量　母貂产仔后不再控制其体况，亦不再控制饲料量。还应促进其食欲，让哺乳母貂多采食饲料。整个哺乳期间每只母貂日均供应饲料量一般要达500克左右。

3. 仔貂补饲　仔貂20日龄时虽未睁眼，但已采食母貂叼喂的饲料了。金州水貂场从仔貂20日龄起(5月20日)至45日龄止(6月15日)，每窝上午10时补饲由40克奶、20克蛋和40克肉组成的精补饲料；同时将正常喂给母貂的饲料调制得稠一些，以便于母貂叼入小室喂给仔貂，促进仔貂采食，因而明显地促进了仔貂的生长发育(彩图15)。

仔貂开始采食饲料后，喂给的日粮量应视不同产窝中仔貂的数量和日龄的差别而分别投喂，切忌平均分配。

（三）产仔泌乳期的管理

1. 做好仔貂保活工作　仔貂保活是水貂产仔泌乳期的重要管理环节，要严格按照管理规程细心工作，确保丰产丰收（详见本书第三章）。

2. 保持环境安静，严防跑貂　产仔母貂喜静厌惊，要保持环境安静，严防噪音刺激，尤其要防止产仔母貂从窝中逃跑。否则，逃逸的母貂会把窝中仔貂叼走，并造成其他母貂惊恐不安，严重时会造成母貂弃仔或食仔的不良后果。

3. 昼夜值班，保证饮水　值班人员每 2 小时巡察 1 次，及时发现母貂产仔，在小室上标记产仔时间。对落地、受凉、饥饿的仔貂和难产母貂及时救护。母貂产仔过程中及产后，饮水量增加，故值班人员应注意产仔母貂饮水盒中的水量，遇有缺少者应及时补加。

4. 搞好小室、食具和饲料加工卫生　仔貂单以母乳为食期间，其排泄的粪便均被母貂舔食，故小室内一般较清洁。但仔貂从 20 日龄左右开始采食饲料以后，母貂就不再为其舔食粪便了。而此时仔貂尚不能到小室外笼网上去定点排便，故而排泄在小室内，加之母貂又把饲料叼到小室内饲喂仔貂，因此小室内很容易污秽不洁，仔貂也容易发生各种疾病。故仔貂 20 日龄以后必须注意小室的卫生管理，及时更换污秽的垫草，保持小室的清洁和干燥。同时要加强饲料加工的卫生管理，加强食具的洗刷消毒，预防疾病的发生。

5. 加强对病、弱母貂和仔貂的护理　及时发现和治疗患病母貂。如母貂已丧失哺育仔貂的能力，应及早将其仔貂代养出去。遇有患病的仔貂，亦应及时治疗。如仔貂患红爪病时，应每日滴喂维生素 C 50～100 毫克；患脓疱症时，将脓疱用针挑破排脓，用双氧水擦洗后敷青霉素油剂。

遇有发育落后的瘦弱仔貂，应及时查明原因，采用相应的措施。如属全窝发育不良时，多因母貂缺乳或乳汁质量欠佳，应及时将同窝仔貂代养出去一部分。如个别仔貂发育落后，可能是患病或在同窝仔貂中受欺的结果，可将其移至比其晚出生的其他仔貂窝中代养。瘦弱的仔貂如已达到20日龄以后，可每日补饲1～2次易消化的粥状饲料，达30日龄以上时，可考虑提前分窝以加强人工喂养。

6. 适时断乳分窝　产仔哺乳1个月以后，母貂的泌乳量开始明显下降。母、仔貂之间的行为亦开始向疏远甚至于关系恶化的方向变化。由于仔貂已养成了吮乳的习惯，无论母貂有无乳汁分泌，仍经常追随母貂吮乳不止，故常引起母貂的反感，甚至有伤害仔貂的行为。母貂乳汁分泌逐渐减少后，仔貂的长时间吮乳也容易造成对乳头的损伤而导致母貂乳腺炎的发生。此时多数哺乳母貂已身体消瘦，甚至已有授乳症（因哺乳而造成营养不良）发生，有的甚至会被其仔貂激怒而造成弱肉强食。因此，5月底之前应做好仔貂分窝的笼箱、棚舍、饲养器具等一切准备工作，保证仔貂在40日龄左右时能及时断乳分窝，以促进大龄仔貂的生长发育，提高成活率。

六、幼貂育成期的饲养管理

仔貂断乳分窝之后直至体成熟之前称为幼貂。幼貂育成期一般分为6～9月份的体躯迅速生长发育和10～12月份的冬毛生长发育和成熟两个阶段。前一个阶段是幼貂培育的关键时期，后一阶段中幼貂经过复选后，选入种貂者则转入准备配种期饲养管理，而没有选入的则转入皮貂冬毛生长期的饲养管理。

幼貂育成期是决定种貂品质和毛皮产品品质的一个非常关键的饲养管理时期，必须依据其生长发育的规律把握各个环节。

(一)金州黑色标准水貂幼貂的生长发育特点

水貂初生重 8～12 克，体长 6～8 厘米，不睁眼，未出牙，耳孔不明显，皮肤被毛稀疏。20～25 日龄长出牙齿，开始采食饲料，25～30 日龄睁眼，体温趋于恒定，40 日龄针毛显露，基本上可以独立生活，此为仔貂阶段。一般 40 日龄离乳转为以饲料为食，至 9 月末为育成期，此为幼貂阶段。

水貂幼貂阶段生长发育十分迅速，尤其 40～80 日龄期间是生长发育最快的阶段。以金州黑色标准水貂为例，其体重和体长的生长如表 2-11，表 2-12 和图 2-4。

表 2-11　金州黑色标准水貂体重增长　(单位:克)

性别	日龄						
	初生	30	60	90	120	150	180
公貂	11.75	502.33	841.8	1302.08	1577.66	1991.05	2385.84
母貂	11.72	423.00	648.77	896.57	1002.55	1129.48	1520.52

表 2-12　金州黑色标准水貂体长增长　(单位:厘米)

性别	日龄						
	初生	30	60	90	120	150	180
公貂	7.23	25.44	32.48	41.35	42.13	45.28	48.18
母貂	7.08	24.36	31.09	36.51	38.29	38.88	40.90

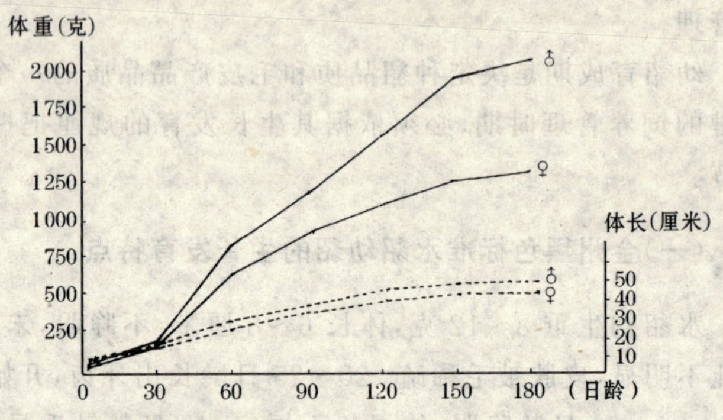

图 2-4　金州黑色标准水貂生长发育曲线

从金州黑色标准水貂生长发育曲线中明显看出：幼貂在离乳后至 120 日龄期间无论是体重增长，还是体长增长，均是最快的阶段，而 120 日龄以后的生长发育，尤其是体长增长趋于缓慢，至 150 日龄后已趋于体成熟阶段，生长速度更加变缓，180 日龄时达到体成熟。分窝后前 2 个月是体型尤其是体长增长的关键时期。

金州其他类型水貂幼貂的生长发育基本与金州黑色标准水貂大同小异。

(二)幼貂育成期的饲养

1. *幼貂育成期营养需要特点*　幼貂育成期是肌肉、骨骼、脏器迅速生长发育的时期，营养需要量较高。此时幼貂新陈代谢极为旺盛，同化作用大于异化作用，蛋白质代谢呈正平衡状态，对各种营养物质，尤其是蛋白质、无机盐(也称矿物质)和维生素的需要极为迫切。

育成期尤其是体长增长的育成前期，要保证蛋白质的营养需要，并保持蛋白质与能量的合理比例。应杜绝能量与蛋白质比例趋高的现象，否则能量偏高，会影响幼貂的采食量，最终造成蛋白质摄入不足，影响幼貂的生长发育。幼貂骨骼的生长发育需要大量的钙、磷等矿质元素，摄食营养物质的消化、吸收和利用也需要诸多维生素和微量元素的参与，亦应在日粮中保证供给。脂肪、碳水化合物等能量饲料要分阶段按适宜的比例供给，前期体长增长阶段即“撑大个”的时期，应限制供给；后期育肥，可适当增加供给。

2. 幼貂育成期日粮标准　幼貂育成期营养标准见表 2-13，日粮配合比例和添加饲料见表 2-14，经验日粮配方见表 2-15。幼貂育成期不限制饲料喂量，以吃饱而不剩食为原则。

表 2-13　幼貂育成期营养标准　（每 100 克）

性别	代谢能（千焦）	可消化营养物质（克）		
		蛋白质	脂肪	碳水化合物
公	1500	20～35	8～12	15～18
母	900	15～20	8～10	13～15

表 2-14　幼貂育成期日粮配比标准　（%）

配比	鱼类	鸡肠	谷物（膨化）	蔬菜	水	合计
热量比	36	24	37	3	—	100
重量比	34.45	13.61	7.8	22.09	22.05	100

添加饲料　（克）

酵母	羽毛粉	食盐	维生素 A（单位）	维生素 E（毫克）	维生素 B_1（毫克）	维生素 C（毫克）
3	1	0.5	1500	10	10	12.5

表 2-15 育成期饲料配方 （每 100 只）

原料名称	热量比	重量比	每只克数	总克数	早量(35%)	晚量(65%)	备注
海杂鱼(%,克)	60	52.40	185.47	18547	6491	12056	
膨化料(%,克)	37	8.53	30.20	3020	1057	1963	
蔬菜(%,克)	3	14.10	49.9	4990	1747	3243	
水(%,克)	—	24.98	88.38	8838	3093	5745	
食盐(克)	—	—	0.5	50	17.5	32.5	水溶
酵母粉(克)	—	—	4	400	—	400	
羽毛粉(克)	—	—	1	100	100		
鱼肝油(单位)	—	—	1500	—	—	1500	周一、三、五添加
维生素 E 油(毫克)	—	—	10	—	—	10	周一、三、五添加
维生素 B_1(毫克)	—	—	10	—	—	10	周二、四、六添加
维生素 C(毫克)	—	—	12.5	—	—	12.5	周二、四、六添加

3. 初期补饲　继仔貂20日龄补饲后，分窝后幼貂继续在中午前补饲，补饲饲料见表2-16，直至60日龄即6月20日为止。

表2-16　幼貂补饲饲料

补饲种类	奶粉(克)	鸡蛋(克)	乳酶生(片)	维生素E(毫克)	鱼肝油(单位)
补饲量	10	14	0.2	2.5	250

(三)幼貂育成期的管理

1. 及时断乳分窝和单笼饲养　适时断乳分窝的时间是在仔貂40日龄左右。仔貂生长发育正常，同窝仔貂体形相近者，应一次全部与母貂分离。遇有同窝仔貂中有发育落后者，可将健壮的幼貂先分离出来，弱小的仔貂留给母貂再带养一段时间，但最迟应在60日龄前分出。

新分窝的幼貂生长发育好的应直接单笼饲养，生长发育略差的可2～3头合养在同一笼舍几天，以减少孤独和惊恐的情绪，但合养在一起的时间不宜超过1周，待其适应新环境能正常采食饲料后，即应及早分成单笼饲养。单笼饲养有助于幼貂的生长发育，有助于节约饲料，提高毛皮质量。

2. 训练幼貂养成在笼网前部排泄粪尿的习惯　分窝幼貂从单笼饲养开始，应将粪便撮起一点，抹在其笼网的前部或前角处，这样分入该笼的幼貂就会把这个地方当“厕所”，养成在此处排泄粪尿的习惯。如个别幼貂仍在小室内便溺时，可将小室内粪便多撮一些放在笼网的前部，并关闭小室门2～3天，待其养成室外便溺习惯后，再把小室门打开。

3. 适时窝选(初选)　结合幼貂断乳分窝，对母貂和幼貂进行全年第一次选种工作，故又称初选或窝选。选择出来的后备种貂，要集中在一起，以便入秋前后进行复选（选种标准及方法详见本书第四章）。被淘汰的母貂应在6月份、幼貂在7月上旬及时埋植褪黑激素，以便促进冬毛提前在9月上旬至10月中旬成熟，提前取皮。水貂用褪黑激素是压制成的类似打火机火石样的小颗粒，用特制的埋植注射器将其埋植在水貂颈部皮下（切勿埋入肌肉），剂量1粒。埋植褪黑激素以后，水貂变得贪吃贪睡。要保证其饲料供应，加强笼舍的卫生管理，发现毛绒沾污或缠结，要及时活体梳毛，注意毛皮提前早熟的情况，成熟后及时取皮。

4. 适时接种疫苗　幼貂从断乳分窝之日起，一定要在断乳分窝的第十五至二十一天及时接种犬瘟热、病毒性肠炎（细小病毒肠炎）和脑炎等疫苗，预防这几种传染病的发生。

疫苗的接种时间不宜过早，因仔貂哺乳期间从乳汁中获得了母源抗体，能中和疫苗（抗原）而降低疫苗的免疫作用。但也不宜接种得过晚，因仔貂断乳分窝3周后体内的母源抗体就会消失，此时如不及时接种疫苗，就会产生免疫的空档，容易感染疾病而发生疫情。

5. 饲料加工及饲料用具要卫生，预防疾病发生　幼貂育成期正是炎热的夏季，病原微生物活动也较猖獗，搞好饲料室、饲料加工和饲养用具的卫生尤为重要，把住病从口入关。夏季的水盒容易锈污和孳生绿苔，应随时洗刷干净，保证清洁饮水。遇有阴天或气候突变时，要注意观察貂群的行为动态，及时发现病貂并加以治疗。

6. 防暑降温，减少高温对幼貂生长发育的抑制　夏日酷暑季节，阳光直射幼貂头部，会使其头部温度过高而产生日射病，也会因气温过高导致幼貂体热交换受阻，而导致热射病。

日射病和热射病统称为中暑，中暑的幼貂死亡率极高。为防止中暑的发生，貂场午间要安排值班人员，驱赶熟睡的幼貂运动，午间和午后最热的时间，要向棚舍内和地面上洒水，通过水分蒸发达到防暑降温的目的。夏季要增加饮水的次数，保证水盒中不致缺水，饮水不足会加剧中暑的发生（彩图 16）。

夏季的高温除容易使幼貂中暑外，还会抑制幼貂的食欲，减少采食量而影响生长发育。因此，除采取防暑降温的有效措施外，还应把早、晚喂食的时间尽量拉长一些，赶在凉爽的清晨和傍晚饲喂。早食喂完 1 小时后，要及时将剩食清理出来，以防饲料变质。幼貂断乳后，要注意预防胃肠炎和黄脂肪病的发生。

7. 抓住良机，观毛复选　幼貂进入 8 月份以后开始脱掉夏毛，生长冬季毛被。9 月下旬至 10 月上旬即秋分以后正是其毛被脱换的最明显时期，也正是复选种貂的最佳时期。种貂换毛的早迟和冬毛成熟的快慢，与翌年的繁殖直接相关。故应抓住这个良机，观毛复选，选择对光照周期变化敏感性强的个体留作种貂。复选以后的种貂应进行阿留申病的检疫和疫苗接种，然后转入种貂准备配种期的饲养管理，而被淘汰的幼貂则转入冬毛生长期的饲养管理。

8. 定期抽检体尺，考察饲养效果　为准确考察幼貂生长发育情况，即饲养管理的效果，于每月末采取随机抽样的方法检查一部分幼貂的体重和体长。金州水貂场在正常饲养管理条件下，各月龄的幼貂的平均体重和体长应达到表 2-17 的标准。经抽检，体重和体长达不到要求时，应及时查明原因，改善饲养管理。

表 2-17　金州黑色标准水貂幼貂各月末体重、体长表　（单位：克、厘米）

项	目	5月末	6月末	7月末	8月末	9月末	10月末
公貂	体　重	177.60±20.60	870.00±8.52	1280.00±33.20	1770.00±32.20	2009.78±40.10	2102.00±41.50
	体　长	18.20±0.44	30.00±1.20	38.96±1.63	41.60±1.38	42.87±1.79	44.05±2.01
母貂	体　重	141.30±8.66	675.00±5.73	870.00±7.33	1095.00±10.45	1182.00±35.30	1210.00±36.70
	体　长	17.30±0.58	29.00±1.00	34.70±1.93	38.70±3.67	38.80±3.67	40.01±1.21

七、皮貂冬毛生长期的饲养管理

(一)皮貂冬毛生长期的生理特点

皮貂冬毛生长期主要是10～12月份这段时间。9月份以后幼貂已接近体成熟,由体长增长转为以生长肌肉和沉积脂肪为主的育肥阶段。同时随着秋分以后日照时间变短,而转为冬毛生长和成熟的短日照效应。此时,水貂的新陈代谢水平仍较高,蛋白质的代谢仍呈正平衡状态。

皮貂的营养需要仍以蛋白质为主。据研究,此时皮貂每千克体重每日需要可消化蛋白质27～30克,尤其需要构成毛绒和形成色素的含硫氨基酸(胱氨酸、蛋氨酸、半胱氨酸等)。脂肪的供给对皮貂也很必要,增加脂肪不仅能促进皮貂育肥,增加皮张的延伸率和尺码,而且还会明显增强毛绒光泽和华美度,提高毛皮质量。

在目前的水貂生产中,不少饲养场(户)存在着忽视皮貂饲养的弊病。为了降低饲养成本,采用低劣、品种单调与品质不好的动物性饲料,甚至以大量谷物和蔬菜代替动物性饲料饲养皮貂,造成皮貂营养不良,导致夏毛脱落延迟、冬毛不成熟、皮张等级下降等不良后果,严重影响了经济效益。对此,必须予以纠正。

(二)皮貂冬毛生长期的饲养

皮貂冬毛生长期的营养标准见表2-18。日粮中饲料配合比例见表2-19。经验日粮配方见表2-20。

混合饲料平均饲喂量:9月份每日每只420克,10月份每日每只 500 克，11～12 月份每日每只 510 克。

皮貂冬毛生长期为降低饲养成本，在保证可消化蛋白质需要的前提下，可多利用一些廉价的动物性饲料，能量饲料中应尽量多利用含脂率高的饲料，也可以添加脂肪类饲料，以利于增加肥度和提高毛皮品质。

表 2-18　冬毛生长期营养标准　（单位：克）

性　别	代谢能（千焦）	可消化营养物质		
		蛋白质	脂　肪	碳水化合物
公	2300	26～30	8～12	15～20
母	1400	20～30	8～10	12～18

表 2-19　冬毛生长期日粮配合比例　（%）

配　比	鱼　类	鸡　肠	谷　物（膨化）	蔬　菜	水	合　计
热量比	30	36	32	2	—	100
重量比	30.77	21.88	7.23	18.64	21.48	100

添加饲料　（克）

酵母	羽毛粉	食盐	维生素 A（单位）	维生素 E（毫克）	维生素 B_1（毫克）	维生素 C（毫克）
2	2	0.5	500	5	5	12.5

（三）皮貂冬毛生长期的管理

1. 皮貂养在阴暗的环境里　秋分以后将皮貂移入双层笼舍的上层和北侧笼舍中饲养，较阴暗的环境有利于提高毛皮质量，尤其是提高黑褐色水貂的光泽度。不提倡皮貂无小室

表 2-20 换毛期饲料配方 （每 100 只）

原料名称	热量比	重量比	每只克数	总克数	早量(35%)	晚量(65%)	备　注
海杂鱼(%,克)	65	55.97	221.63	22163	7757	14406	
膨化料(%,克)	32	5.79	22.93	2293	803	1490	
蔬菜(%,克)	3	13.52	53.54	5354	1874	3480	
水(%,克)	—	24.72	97.89	9789	3426	6363	
豆　油(克)	—	—	2	200	—	200	
食　盐(克)	—	—	0.5	50	17.5	32.5	水　溶
酵母粉(克)	—	—	4	400	—	400	
羽毛粉(克)	—	—	2	200	200	—	
鱼肝油(单位)	—	—	1500	—	—	1500	周一、三、五添加
维生素 E 油(毫克)	—	—	10	—	—	10	周一、三、五添加
维生素 B_1(毫克)	—	—	10	—	—	10	周二、四、六添加
维生素 C(毫克)	—	—	12.5	—	—	12.5	周二、四、六添加

饲养，也不提倡一笼双养或多养。水貂生长冬毛是短日照效应，故在冬毛生长期内不准增加任何形式的人工照明。

2. 搞好环境卫生，及时活体梳毛　搞好环境卫生，及时清理剩食和粪便，喂食时注意不要使饲料沾污皮貂毛绒，以防毛绒缠结。及时维修笼舍，防止笼网有锐利刺物刮伤皮肤或毛绒。小室的出入口最好有金属环片包裹，无包裹的遇有小室口被咬坏时，应将破处锉平，以免损伤皮貂的毛针。

秋分以后应向小室中添加垫草，以起到梳毛的作用。发现皮貂身上有毛绒缠结时，应尽早进行活体梳毛，以防降低毛皮质量。活体梳毛时一人将皮貂保定，另一人用金属毛梳或排针毛梳将缠结部位小心梳理，注意不要使毛绒从毛囊中连根拔出，否则该处会长出白色杂毛。

3. 监察冬毛生长和成熟进度，改进对皮貂的饲养管理　皮貂冬毛从夏毛脱落开始生长，至成熟时需要 3 个月的时间。如因饲养管理不当，冬毛的成熟时间推迟，会影响皮貂的及时取皮。因此整个冬毛生长期要定期监察皮貂的换毛、冬毛生长和成熟的进度情况。金州黑色标准水貂在正常饲养管理情况下，至 9 月下旬除头部和尾根部外全身夏毛基本脱完，至 10 月下旬，冬毛趋于成熟，至 11 月中旬，冬毛成熟。如监察中发现冬毛生长发育速度缓慢或停顿时，说明饲养管理上尚存在问题，应及时找明原因，采取相应的改进措施。

八、种貂恢复期的饲养管理

(一)种貂恢复期饲养管理的重要性

种公貂从配种结束(3 月下旬)至秋分前(9 月下旬)及母貂从断乳(6 月下旬)至秋分前为恢复期。种貂尤其是种母貂经产仔泌乳期以后,身体的营养经剧烈消耗,一般都变得瘦弱和营养贫乏。尤其是高产的母貂,甚至出现授乳症的征候。这时是母貂抵抗力降低,易患各种疾病的脆弱时期。如果饲养管理得当,这些种貂体况恢复变得迅速,秋季换毛及时,则可保证翌年的再利用。这对组建以成年种母貂为主的繁殖群结构,确保繁殖力的逐年提高或稳定在比较高的水平,是非常有利的。如果饲养管理不当,种母貂体况恢复得不好,秋季换毛时间推迟,即使当年繁殖成绩较好的种貂,翌年也将出现发情推迟、繁殖力降低或丧失的不良后果。故种貂恢复期饲养管理,涉及到翌年种用的价值,千万不能掉以轻心。

(二)初选、淘汰种公貂和种母貂

种公貂于配种结束后进行严格初选。金州水貂场除育种核心群选留的公貂外,其余公貂一律及时屠宰取皮,以降低饲养成本。

种母貂于断乳时进行严格的初选。凡淘汰的母貂,集中于 6 月上旬埋植褪黑激素,以期在 9 月底至 10 月初提前取皮。

初选合格的种貂,则集中在一起,转入恢复期的饲养管理。

（三）种貂恢复期的饲养管理

种貂恢复期的营养标准不宜马上降低。金州水貂场的做法是：核心群公貂随母貂繁殖期的日粮营养标准，饲料供给量较母貂增加1/3至1/2；母貂则随幼貂育成期的日粮营养标准，不控制饲喂量。

刚断乳的母貂，如乳房仍较膨大充盈，应在断乳的第一周内少喂一些饲料，以防瘀滞性乳腺炎的发生。

种貂恢复期身体虚弱，易患各种疾病，要搞好环境卫生，预防疾病发生。注意发现患病的种貂，及时治疗。

母貂断乳后思仔心切，要加强笼舍维修，严防跑貂。

九、金州水貂的饲料及其加工调制

（一）金州水貂饲料的种类及其营养价值

金州水貂的饲料依其来源及营养成分大体可分为动物性饲料、谷物类饲料、蔬菜类饲料和添加饲料四大类。

1. 动物性饲料　包括海鱼类、肉类、鱼和肉类副产品、乳及蛋类等饲料。

（1）海鱼类饲料　金州水貂场位于渤海湾内，海鱼类饲料来源充足，价格也较便宜。适于喂水貂的海鱼主要是含脂率较低的鱼类，如小黄花鱼、比目鱼、红娘鱼、海鲶鱼、真鲷鱼、马面豚等。海杂鱼主要给水貂提供动物性蛋白质饲料。虽然多数海杂鱼所含的蛋白质非全价性，但多种杂鱼搭配，能起到氨基酸的互补，而提高其全价性。因此，海杂鱼是金州水貂场主要的动物性饲料，占整个动物性饲料的比例达70％～80％。

(2)肉类饲料　主要有家畜、家禽肉和取皮期产生的狐及水貂胴体肉等。

肉类饲料是水貂营养价值高的全价蛋白质的重要来源，它含有与水貂机体相似数量和比例的全部必需氨基酸，还有脂肪、维生素和无机盐等营养物质。一般在种貂繁殖期和幼貂育成前期补给，占动物性饲料的10%～20%。

(3)鱼、肉类副产品饲料　包括鱼头、鱼骨架等海鱼加工副产品和鸡头、鸡骨架、鸭骨架、肠管等禽类加工副产品以及屠宰的内脏等副产品类。

鱼、肉类副产品饲料也是水貂动物性蛋白质和脂肪、无机盐来源的一部分，但这类饲料除了肝脏、肾脏、心脏外，大部分蛋白质的消化率即生物学价值不高。其原因是无机盐和结缔组织含量高，某些必需氨基酸含量过低或比例不当所造成。一般在幼貂育成期和冬毛生长期用量较大，占动物性饲料的20%～30%。

(4)乳、蛋类饲料　乳类饲料以收购鲜乳为主，不足时以全脂奶粉对水解决，蛋类饲料以自产鲜蛋解决。

乳、蛋类饲料是营养价值高和消化利用率高的全价蛋白质饲料，只在种貂繁殖期和幼貂育成前期补给，占动物性饲料的2%～4%。

2. 谷物类饲料　谷物类饲料以膨化玉米粉为主，混以少许大豆粉或大豆饼粉。膨化的玉米味香，适口性强，消化率高。谷物类饲料是含碳水化合物的高能量饲料，以膨化后的干粉计算占日粮的5%～8%。

3. 蔬菜类饲料　以叶菜和瓜、果类蔬菜为主，有白菜、生菜、莴苣、甘蓝、南瓜、倭瓜、次品水果(未熟落地的苹果)等。

蔬菜类饲料富含多种维生素和微量元素，且有促进消化、增强饲料适口性的作用，饲喂量占日粮的比重为10%左右。蔬菜类饲料短缺或价格昂贵的春冬季节，可以少喂或不喂，日粮中多添加维生素C等来补充维生素的不足。

4. 添加饲料

(1)酵母　酵母富含全价蛋白质和B族维生素，且有促进营养物质吸收的功能，是常年添加的饲料。日粮中的添加量为3～4克。

(2)羽毛粉　羽毛粉富含角质蛋白和含硫氨基酸，有预防食毛症和自咬症的良好作用。常年日粮中补给量为1克，有时冬毛生长期增加至1.5～2克。

(3)食盐　食盐主要补给水貂氯和钠元素，是水貂不可缺少的补充饲料，日粮中常年补给量为0.5克。

(4)氯化钴　氯化钴对水貂的繁殖有重要的作用，缺钴会导致其繁殖力降低。故在水貂繁殖期日粮中补加氯化钴1毫克。

(5)维生素　维生素主要包括鱼肝油(维生素A、维生素D)、维生素E油、维生素B_1、复合维生素B和维生素C等。金州水貂场均选用精制原料或上市的正品，质量可靠，含量亦准确。除复合维生素B在繁殖期日粮中补加5毫克外，其他维生素均常年补给。补给量为：维生素A 1 500单位，维生素E 10毫克，维生素B_1 10毫克，维生素C 25毫克。

(6)水貂用添加剂　系烟台兽药厂产品，主要用于水貂繁殖期补充微量元素，其在繁殖期日粮中补给量为0.25克。

金州水貂场常用饲料及其营养成分见附录4。

(二)金州水貂饲料消耗

金州水貂场每只水貂全年分季度消耗的各种饲料量，见

表 2-21。应严格按照表 2-21 的各季饲料消耗量做好饲料采购和供应工作。一般情况下,饲料消耗不低于表 2-21 的标准,否则影响生产水平和效益;但也不宜过多地超标,否则增加饲养成本。

(三)饲料的加工与调制

1. 饲料的加工

(1)鱼类和肉类饲料的加工　质量新鲜的海杂鱼类宜生喂,生喂可提高其蛋白质的消化率和利用率。冷冻的海杂鱼要彻底解冻,剔除其中有毒的鱼类(如河豚)和杂质,用清水冲洗干净后,用绞肉机绞碎。

肉类饲料凡经过检疫和品质新鲜的也适宜绞碎生喂。肉类副产品中的软下水类(如肺、肠等)则应熟制饲喂。

鱼肉类饲料如品质稍差,但仍可饲喂时,可先用清水洗涤,后用 0.05%的高锰酸钾水溶液浸泡消毒 5～10 分钟,然后再用清水洗涤后利用。也可熟制以后利用。

(2)乳类和蛋类饲料的加工　新鲜的乳要加热至 70℃～80℃,保持 15 分钟后冷却待用。乳粉按 1∶7 加水稀释后待用。蛋类均需熟制后利用,这样可以防止维生素 H(生物素)被破坏,还可杀灭副伤寒菌类,防止其疾病的传播。

(3)植物性饲料的加工

①谷物饲料:谷物饲料首先去掉粗糙的外壳,粉碎成细粉状,最好几种谷物搭配混合使用(如玉米面、大豆面、小麦面按 2∶1∶1 的比例混合)。谷物性饲料必须熟制后利用,这样可以提高消化率和预防胃肠臌胀病的发生。采用膨化熟制的办法最好。膨化后的熟谷物饲料再经粉碎,使用前充分加水软化待用。没有膨化条件的,可采用蒸窝头、发糕、面包或煮成粥利

表 2-21 金州水貂场饲料消耗 （单位：千克/只）

季	度	鱼类	肉类	下杂	奶粉	鲜蛋	膨化料	蔬菜	酵母粉	食盐	羽毛粉	鱼肝油	维生素E	维生素B_1
成年貂	Ⅰ	16.20	1.50	—	0.10	0.2	1.36	3.37	0.36	0.045	0.09	每毫升5000单位	每毫升62.5毫克	每片10毫克
	Ⅱ	20.16	2.00	1.5	0.2	0.4	1.38	2.29	0.36	0.045	0.09			
	Ⅲ	13.80	—	—	0.1	0.2	2.19	3.38	0.37	0.046	0.09			
	Ⅳ	17.39	2.25	2.5	—	—	1.87	3.35	0.37	0.046	0.18			
	计	67.55	5.75	4.0	0.4	0.8	6.8	12.39	1.46	0.182	0.45	55 毫升	29 毫升	183 片
幼貂	Ⅱ	5.12	1.0	0.75	0.2	0.2	0.46	0.71	0.12	0.015	0.03			
	Ⅲ	16.10	—	—	—	—	2.19	3.38	0.37	0.046	0.09			
	Ⅳ	17.39	2.0	1.25	0.1	—	1.87	3.35	0.37	0.046	0.18			
	计	38.61	3.0	2.00	0.3	0.2	4.52	7.44	0.86	0.107	4.3	33 毫升	17.4 毫升	109 片

用。煮粥时一定要勤搅拌，熟制而不煳锅，且要待粥凉后才能与其他饲料混合。

大豆可制成豆汁利用。其方法是把大豆浸水 10～12 小时，然后磨碎加水煮熟，用粗布过滤后即得豆汁。也可将大豆磨成豆粉，按 1∶8～10 的比例加水煮熟，不用过滤即可利用。

②果蔬饲料：蔬菜要去掉泥土，削去根和腐烂部分，洗净后备用。水果应去除腐烂部分，水果及瓜类最好与叶菜搭配利用。

严禁把果蔬类饲料堆积存放或长时间浸泡，以免发生亚硝酸盐积累而导致水貂食后中毒，洗净的果蔬类饲料也不能与熟制后尚未冷却的其他饲料混放在一起。

(4)添加饲料的加工

①酵母：常用的有饲料酵母、药用酵母、面包酵母和啤酒酵母。药用酵母和饲料酵母是经过高温处理的死菌酵母，可直接加入饲料中使用。而面包酵母和啤酒酵母是活菌酵母，喂前一般要加热杀死活酵母菌。其方法是把酵母加入冷水搅匀，加热至 70℃～80℃，并保持 15 分钟。加热时温度不宜过高或时间过长，以防破坏酵母中的维生素。少量酵母采用沸水烫死的方法。如果杀菌不彻底时，酵母菌混入饲料中易使饲料发酵，进而导致水貂胃肠臌胀。金州水貂场使用活性酵母时，采取临饲喂前补加，补加后立即饲喂的方法。酵母要严防受潮，受潮发霉变质的酵母，不能用来饲喂水貂。

②维生素制剂：维生素制剂分脂溶性维生素和水溶性维生素。鱼肝油和维生素 E 属于脂溶性维生素，使用含量高的脂溶性维生素时，应先用植物油溶解稀释后加入饲料，并将 2 天量集中于 1 天使用，便于在饲料中搅拌均匀。维生素 B_1、维生素 B_2、维生素 C 属水溶性维生素，应当先用温水(40℃)溶

解稀释后再加入饲料中。

金州水貂场在取皮结束后，从 12 月中旬至翌年 6 月末，是将调配好的维生素制剂分发给饲养员，由饲养员逐只滴入饲料中饲喂。

③食盐：称量要准确，可按 1∶5～10 的比例制成盐水，按量混入饲料，搅拌均匀。也可将盐水拌于谷物饲料中饲喂。

2. 饲料的调制　把加工好的饲料准备齐全后，进行绞碎和混合调制。先绞肉、鱼类饲料，再绞谷物饲料，后绞果蔬类饲料。将绞碎的各种饲料直接放在搅拌槽、罐内充分搅拌，添加的饲料更要搅拌均匀。调制均匀的混合饲料，应迅速按量分发到各队各场(彩图 17，彩图 18)。

在调制过程中，要注意以下几点：

第一，严格按饲料配方规定的种类和数量准确称量，不能随便改动。

第二，按规定时间准时加工各类饲料和调制混合饲料，不得随意提前，混合饲料调制后及时分发。

第三，应最大限度地避免多种饲料混合，防止因拮抗关系而引起的营养物质破坏或损失。如碱性的骨粉不宜与多种维生素混合等。

第四，严禁温差大的饲料相互配合，尤其是热天更应注意，以防止饲料腐败变质。

第五，水的添加量要准确，保持饲料的适宜稠度。

第六，饲料调制后，绞肉机及其他加工用具每天都要彻底洗刷，定期消毒，以防病从口入。

十、水貂的日粮配合和饲养标准

(一)水貂日粮拟定

1. 日粮拟定的依据

第一,依据水貂不同饲养时期的营养标准和饲养标准,结合各种饲料的热能及营养物质含量适当配合,尽量达到水貂不同饲养时期的营养需要和生理要求。

第二,考虑当地饲料条件,尽可能地用多种饲料配合日粮,以达到营养完全的目的。尤其是通过蛋白质的互补作用,提高氨基酸的全价性和消化利用率,节约饲料和降低成本。

第三,更换日粮时应考虑饲料种类的相对稳定性,不能突然改换新的种类,以防适口性不好,水貂产生拒食或剩食的现象。

第四,考虑水貂群所处的生物学时期、体况和健康状况、性别及所存在的问题等。

2. 日粮拟定的方法　水貂日粮系指每天供给每只水貂的混合饲料的具体数量。一般以饲料配方单的形式反映出来。拟定水貂日粮通常有以热量为计算依据和以重量为计算依据的两种方法。

(1)热量配比法　热量配比法拟定日粮,是以水貂所需代谢能为基础,搭配的饲料以发热量为单位,混合饲料所组成的日粮其能量达到规定的饲养标准。对没有热量价值的饲料或热量价值很低的饲料(如添加剂和维生素饲料、微量元素、无机盐类饲料、水等)可忽略不计算其热量,以千克体重或日粮所需计算。为满足水貂对可消化蛋白质的需要,要核算蛋白质的数量，经调整使蛋白质含量满足要求。必要时也应计算脂肪和碳水化合物的含量，使之与蛋白质形成适宜的蛋能比。为了掌握蛋白质的全价性，对限制氨基酸的含量也应计算调整。

具体计算时可先算1份代谢能即418.68千焦(100千卡)中各种饲料的相应重量，再按照总代谢能(或总能)的份数求出每只水貂每日的各种饲料供给量，并核算可消化营养物质是否符合水貂该生产时期的营养需要；最后算出全群水貂对各种饲料的需要量及其早、晚饲分配量，提出加工调制要求，供饲料室遵照执行。

(2)重量配比法　根据水貂所处饲养时期和营养需要先确定1只水貂1天内所提供的混合饲料总量，然后结合本场饲料确定各种饲料所占重量百分比及其具体数量；核算可消化蛋白的含量，必要时亦核算脂肪和碳水化合物的含量，使日粮满足营养需要的要求；最后提出全群水貂的各种饲料需要量及早、晚饲分配量，提出加工调制要求。

金州水貂场拟定水貂日粮时，通常采用两种方法相结合的简便计算方法。即先确定日粮中动物性饲料的供给量及各种动物性饲料所占的重量比，计算出日粮中各种动物性饲料的供给量，经核算调整使可消化蛋白质和其全价性达到饲养标准的要求；然后再计算动物性饲料中所含有代谢能(或热能)；与日粮所要求的总代谢能(或热能)相比较，差额部分再用谷物饲料补充，即可确定添加的谷物饲料量。这种计算方法简单易行，而且能解决适宜的蛋能比。

(二)水貂饲养标准

水貂是食肉性的珍贵毛皮动物，其饲养方式为人工笼养。水貂进行新陈代谢、生长发育、运动和繁殖等必需的营养物质，如蛋白质、脂肪、碳水化合物、无机盐、维生素和水分等，都要从人工供给的饲料中摄取，不可能从其他渠道得到。为了满足水貂不同生物学时期的营养需要，必须研究制定水貂不同生物学时期的营养标准，科学地配制日粮，否则，就会生产失败，造成重大的经济损失。

目前国家尚未制定水貂饲养标准。我们根据“金州黑色标准水貂”育种和生产工作的需要，在多年饲养实践基础上，经反复研究、试验对照，制定出公、母貂不同生物学时期的饲养标准（详见表 2-22，表 2-23，表 2-24）。实践证明效果良好。

表 2-22 水貂营养标准

水貂生物学时期	代谢能（千焦）	各营养物质的含量（克）		
		蛋白质	脂 肪	碳水化合物
准备配种期和配种期	950.93	29.18	5.28	13.1
妊娠、产仔、哺乳期	1141.66	25.6	10.76	15.7
幼貂育成期	1272.4	26.85	10.13	23.43
冬毛生长期	1271.4	25.54	12.25	20.01

表 2-23 水貂饲养标准 （单位：千焦）

饲料	准备配种期和配种期		妊娠期和产仔哺乳期		育成期		换毛期	
	热量比（%）	重量比（%）	热量比（%）	重量比（%）	热量比（%）	重量比（%）	热量比（%）	重量比（%）
鱼 类	65	55	75	62.5	60	42.45	60	49.77
肉 类	7	3.3	5	3	—	—	7	0.95
谷 物	25	4.7	18	3.8	36	8.6	30	6.40
蔬 菜	3	10.8	2	7	4	14.37	3	10.55
水	—	26.2	—	23.7	—	34.58	—	32.33

续表 2-23

饲料	准备配种期和配种期		妊娠期和产仔哺乳期		育成期		换毛期	
	热量比(%)	重量比(%)	热量比(%)	重量比(%)	热量比(%)	重量比(%)	热量比(%)	重量比(%)
添加饲料								
大葱(克)	2		—		—		—	
酵母(克)	4		4		3		3	
羽毛粉(克)	1		1		1		1	
食盐(克)	0.5		0.5		0.5		0.5	
氯化钴(毫克)	1		1		—		—	
鱼肝油(单位)*	1 500		1 500		1 500		1 500	
维生素E油(毫克)*	10		10		10		10	
维生素 B_1(毫克)**	10		10		10		10	
维生素C(毫克)**	25		25		12.5		12.5	
复合维生素B(毫克)	—		5		—		—	
水貂用添加剂	—		0.5		—		—	

注：* 每周一、三、五饲喂； ** 每周二、四、六晚逐只饲喂

表 2-24 混合饲料平均喂饲量 (单位:克/日·只)

月份	1	2	3	4	5	6	7	8	9	10	11～12
喂量	300	275	250	325	500	265	445	475	480	500	510

第三章 水貂的繁殖技术

一、水貂的繁殖特点

(一)性 成 熟

育成貂 9～10 月龄性成熟,几乎所有个体均能如期性成熟并能参加配种。虽有个别母貂失配或公貂不利用,但大多是因为繁殖技术掌握不好的问题,并非性成熟所致。

(二)性 周 期

水貂是季节性繁殖的动物,其生殖器官的季节性变化十分明显。春分以后,随着光照时数的增加,公貂睾丸逐渐萎缩,进入退化期。秋分以后,随着光照时数的逐渐缩短,睾丸又开始发育,冬毛成熟后,睾丸迅速发育。到 2 月份时,睾丸重量可达 2.0～2.5 克,开始形成精子,并分泌雄性激素,出现性欲。3 月上、中旬是公貂性欲旺期,3 月下旬,配种能力下降,以后又逐步进入退化期。

母貂的卵巢具有明显的季节性变化。秋分以后卵巢中的卵泡开始发育,当卵泡的直径达 1 毫米时,母貂就出现发情和求偶征候。4 月下旬至 5 月上旬,卵巢重量逐渐减少。

水貂生殖器官的季节性变化与光照密切相关。水貂由非繁殖期到繁殖期,必须有短日照条件。从秋分到翌年春分的 180 天里,如果光周期的变化超出了水貂已适应的短日照条件，必将导致性机能紊乱和性腺发育异常，结果使大批母貂失配和空怀。

水貂是季节性多次发情，母貂在配种季节有 2～4 个发情周期，每个发情周期通常为 7～10 天，其中发情持续期为 1～3 天，此期母貂易于接受交配，间情期 4～6 天。

（三）诱发（刺激）性排卵

母貂通过交配或类似的刺激才能排卵。多半在交配之后 36～72 小时排卵。母貂第一次排卵后，有 5～6 天的排卵不应期，此期无论是交配刺激，还是其他激素类刺激，都不能再次排卵。异期复配的母貂，如果第二次排卵没有受精，前次的受精卵依然存在，而第二次排卵受精，前次的受精卵多数不能附植（表 3-1）。因此，水貂的预产期是由最后配种日期算起。不论前 1 个发情周期排出的卵是否受精，下 1 个性周期又有 1 批卵泡发育成熟，并在交配刺激下再次排卵，排卵后卵细胞不到 12 小时到达受精部位（输卵管的上段壶腹部）。精子在母体

表 3-1　不同交配方式与受精效果

配种方式	仔貂来自于	
	第一次受精（%）	第二次受精（%）
1+1 天	37	63
1+2 天	73	27
1+6～7 天	8	92
1+8～9 天	15.4	84.6
1+10～19 天	16.2	83.8

注："+"号后面的数字减 1 为初配后复配间隔天数，如 1+2 指初配后间隔 1 天复配

生殖道内具有受精能力的时间为 48～60 小时。在 1 个发情周

期里，能够成熟而排出的卵细胞数量是3～17个，平均8.7±0.3个。但在饲养条件下，胎平均产仔数一般6～7只，很难达到8只以上。

（四）多胎性

人工饲养条件下，正常的生产水平应达胎平均产仔6只，群平均育成幼貂数4.5只。金州水貂场黑褐色水貂最高群平均成活4.98只，最低为3.65只，近年来以金州黑色标准水貂为主的黑褐色水貂群稳定在4.5只左右。彩色水貂依色型不同而有所差别，其中银蓝色、咖啡色、米黄色、珍珠色、十字貂繁殖水平与黑褐色水貂相近；丹麦深棕色、丹麦白色、吉林白貂略低于黑褐色水貂；蓝宝石色、青蓝色貂繁殖力低些，群平均育成幼貂数3.5只。

二、水貂繁殖技术

（一）发情鉴定

1. *发情鉴定的意义和方法* 通过发情鉴定，可以准确掌握放对配种的最好时期。提前发现由于饲养管理不善造成的水貂生殖系统发育不良，以便及时采取弥补措施。

对公貂的发情鉴定，分别在11月15日前和翌年1月10日前各进行1次。用手触摸睾丸，淘汰单睾、隐睾及患睾丸炎的公貂。对母貂的发情鉴定分别在1月30日，2月10日，2月20日及配种前各鉴定1次。通过观察外生殖器的形态变化，判断每只母貂所处的发情阶段，用罗马数字在小室箱上标记清楚，并记在发情鉴定记录本上。对于不发情的母貂尽早的查找原因，并及时采取补救措施。到配种期对每只母貂做好发情鉴定，随时掌握全群的发情情况。发情鉴定以外生殖器官的检查为主，并与放对试情和母貂阴道内容物细胞图像检查相结合。

2. *母貂生殖器官检查* 未发情母貂，阴门紧闭，阴毛成束状。发情母貂视阴门形状肿胀程度、色泽以及有无粘液等变化情况，通常分为3期。

(1)第一期(发情前期) 阴毛略分开，阴唇微开，刚开始充血肿胀，呈淡粉红色。

(2)第二期(发情期) 阴毛倒向四周，阴唇外翻，明显肿胀，呈粉红或乳白色，有较多粘液，此期可以放对(彩图19)。

(3)第三期(发情后期) 阴唇仍肿胀外翻，但粘膜干涩收敛，有皱纹，较干燥，呈苍白色，有时稍发紫。

3. *试情放对* 当母貂放入公貂笼内时，发情母貂无敌对行为，公貂爬跨时，母貂翘尾，抬后臀，接受交配。未发情母貂与公貂撕斗、尖叫或在貂笼一角回避公貂追逐。

试情放对是检验发情母貂发情程度的最准确方法。但要选择好试情公貂，试情公貂应是性欲较强，但性情温和，求偶行为明显，但交配不十分急切的为好。性情暴躁、交配急切的公貂不易引起母貂的好感，其对母貂的粗暴扑咬，还容易引起母貂惊恐和性抑制。试情放对的时间不宜过长，否则公貂长时间扑咬母貂也易造成母貂性抑制，影响发情鉴定的准确性。

4. *母貂阴道内容物细胞图像检查* 极个别母貂在发情时外阴部看不到明显的形态变化，但仍可交配和受孕，这种现象称为隐性发情。一般进入发情旺期(3月中旬)后仍看不到外阴部有变化时，应注意是否有隐性发情的可能，可选择性情温顺的公貂试放，也可抽取母貂阴道分泌物在显微镜下观察，如果发现大量的角化上皮细胞时即为发情，应及时试情放对。

此方法适用于发情征候不明显或难配母貂的发情鉴定。母貂发情各期阴道内容物细胞图像,见图 3-1。

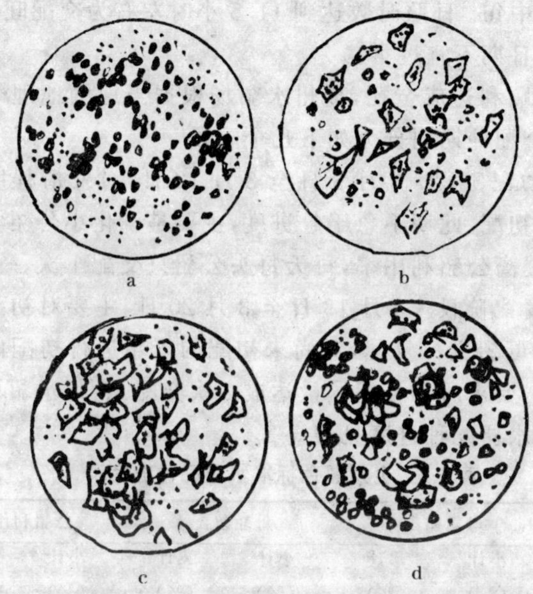

图 3-1 母貂发情各期阴道内容物细胞图像

a. 休情期(仅见大量小而透明的白细胞)

b. 发情前期(白细胞减少、具多角形有核角化上皮细胞)

c. 发情期(白细胞消失、多角形有核角化上皮细胞占优势)

d. 发情后期(角化上皮细胞崩解成碎玻璃状、白细胞出现)

(二)配种技术

1. 配种阶段划分及配种方式　根据地理位置及多年生产实践验证,金州水貂场水貂最佳配种时期为 3 月 5 日至 3 月 20 日,历时 15 天,而配种结束的落点最佳时期为 3 月 13 日至 18 日。

配种期虽然依地区、个体和饲养管理条件而有所不同，但多半在 2 月末至 3 月下旬，历时 20～25 天，多数母貂配种旺期为 3 月中旬。日照时数达到 11.5 小时左右为交配旺期。开始交配的日期不宜过早。

为了顺利达成全配，金州水貂场根据当地的地理气候条件，将整个配种期划分为如下几个阶段。

(1)初配阶段　3 月 5 日至 3 月 12 日，对发情程度好的母貂进行初配。此期不急于赶进度，主要是驯化小公貂学会配种，尽量提高公貂利用率，每天每头公貂只交配 1 次。

(2)复配阶段　3 月 13 日至 3 月 20 日，主要对初配阶段已初配的母貂进行复配，对尚未初配的母貂进行初配的同时连日复配，要求所有母貂尽量达成 2 次交配。金州水貂场金州黑色标准水貂配种进度见表 3-2。

表 3-2　金州黑色标准水貂配种进度表

配种日期（3 月）	母貂初配率		母貂复配率		公貂利用率	
	小计（%）	累计（%）	小计（%）	累计（%）	小计（%）	累计（%）
5～6 日	27.68	—	—	—	80.84	—
7～8 日	30.91	58.59	—	—	5.31	86.15
9～10 日	25.85	84.44	—	—	1.70	87.85
11～12 日	12.41	96.85	—	—	0.17	88.02
13～14 日	0.79	97.64	22.81	—	1.41	89.43
15～16 日	0.46	98.10	24.21	47.02	0.69	90.12
17～18 日	0.14	98.24	19.6	66.62	0.77	90.89
19～20 日	0.12	98.36	9.89	76.51	0.50	91.39

水貂的配种方式可分为周期复配和连续复配两种。在 3

月 12 日以前达成初配的母貂，采取周期复配的配种方式，即初配后间隔 8～10 天再复配。两个发情周期里交配 2 次。实践证明，采用 1＋8 的配种方式效果较好。3 月 13 日以后达成初配的母貂，采取连续复配的配种方式，即初配后第二天或第三天再配 1 次。对个别没有把握的，可间隔 7～9 天再补配 1 次。究竟采取哪一种配种方式，主要根据母貂个体发情时间的早晚和配种的具体情况而定。总之，应以顺利地达成交配为前提，最后 1 次复配日期应落在该场的配种旺期。个别母貂由于初配后不再接受第二次交配（复配），因而自然形成 1 次交配。一般性欲强的经产母貂和繁殖力高的初产母貂，第二年复配率较低。不同配种方式对母貂繁殖的影响，如表 3-3 所示。

表 3-3 配种方式对繁殖的影响 （n＝2892）

项 目	一次交配	连续复配	周期复配
		1＋1	1＋8
母貂数（只）	512	325	2055
胎平均产仔（只）	6.29	6.02	6.12
空怀率（%）	25.47	21.74	11.64
群平均产仔（只）	3.65	4.06	4.84

由于母貂交配后出现排卵不应期（5～6 天），所以应在初配后的 1～2 天或 8～10 天进行复配，不应该在初配后的 3～6 天内复配。无规律的交配方式更容易造成空怀。在配种期里，凡是被公貂较长时间爬跨而未达成交配的母貂，应尽量在 2 天内达成交配，在 2 天内仍未达成交配，可等下 1 次发情周期到来时再放对交配，以防其受爬跨刺激而排卵，过期交配而影响受精率。

2. 放对及配种过程中的观察和护理　金州水貂场采用

二次配种的方式，即 3 月 12 日前初配母貂，下 1 个发情周期交配 1 次；3 月 13 日以后发情母貂连日或隔日交配 1 次。这样做的结果可减轻劳动强度，增加饲养定额，减少公貂体力消耗，提高精液品质，实践证明并不降低其繁殖力。初配阶段放对时间一般为上午 6：30～8：30，复配阶段提前到早晨 5：30～8：30。上下午都是先放对后喂食，两次放对之间至少间隔 4 个小时。

放对时将母貂（连貂号牌）抓至公貂笼门前，来回逗引，如果公貂有求偶表现，发出“咕咕”叫声，即打开笼门，将母貂头颈部送入笼内，等公貂叼住颈背部后，将母貂顺手放于公貂腹下，放开手，关好笼门让其交配。放对后细心观察母貂的行为，发情好的母貂，多半在被公貂叼住颈部时能很快把尾巴翘向一侧，还能听到求偶叫声，不扑咬而顺从公貂，当公貂作置入配种动作时也不反抗，这种母貂多半能达成交配。如果放对后公、母貂有敌对表现，互相撕咬挣扎，母貂常躲于笼网一角发出刺耳的尖叫声或向公貂扑咬时应立即分开或调整公貂，再作观察。抓貂时要抓尾部或头颈部，严禁抓胸部和腹部。

放对时注意区别真配与假配，防止咬伤和误交。真配时，公貂以前肢紧抱母貂，腹部紧贴母貂臀部，后躯与笼底呈锐角，并总保持弓形（彩图 20）。假配时公貂后躯不能长时间保持弓形，与笼网底不呈锐角，从笼外观察，可见到公貂阴茎露出体外。公貂断续性射精，射精时两眼迷离，用力拥抱母貂，后肢强直性颤抖，母貂伴有呻吟声，俯卧或躺卧交配时都能射精（彩图 21）。交配时间为 30～50 分钟，有的多达 2～4 小时。只要交配时间 15 分钟以上都有效。交配即将结束时，母貂挣扎、尖叫。交配后公母貂一般有短暂性撕咬，要立即分开，把母貂（连同貂号牌）放回原笼内，同时填好配种记录。

在配种的时候为提高放对效率，根据选配计划，母貂发情鉴定和每只公貂的配种特点，每天应做出翌日的放对计划。性情暴躁和交配急切的公貂应先放对，每天放给公貂的第一只母貂应选达成交配可能性大的母貂。1只公貂1日内兼有复配和初配任务时，应优先放复配的母貂。

3. 难配母貂的特殊处理　在严格选种和正常饲养管理情况下，配种工作基本顺利，但有个别母貂难于交配。难配原因很多，应分析具体原因，采取相应有效措施。

对发情好，但交配时不抬尾的母貂，可用细绳扎住尾尖，人工辅助提尾；对后肢匍匐的母貂，可从笼下用手或木棍托起母貂后腹，使它交配；对于经观察外阴部变化明显，但一直拒配，撕咬公貂者，可用胶布缠嘴和前肢，选择配种能力强、善于控制母貂的公貂与之交配。在配种期一直无任何发情表现的母貂，可每只注射 170 国际单位人的绒毛膜促性腺激素(HCG)，注射后 4～9 天内，可以放对交配。一般在 3 月 16 日至 25 日期间 1 次肌注即可。在配种期不要乱用各种激素催情，更不能无规律的延长或缩短光照时间，以免造成大批空怀。有的养貂户，刚引种后为了防止跑貂，把种貂放在屋内饲养，整个冬季都见不到阳光；有的养貂户为了安全和方便起见，把貂笼放在住房的窗户下，让室内灯光照射在笼上；还有一些貂场，在貂棚上安装灯泡，夜间照明等。这种做法不利于水貂的正常繁殖，必须加以纠正。

因咬伤而拒配者，先治疗，待伤愈后，选择性情温顺，配种能力强的公貂与之交配。如果在配种后期咬伤，为了不错过时机，可用局部麻醉封闭后放对。有的母貂生殖孔畸形或太狭小，也易造成难配，应在选种时注意观察淘汰。

4. 种公貂训练、利用及精液品质检查　公貂在配种中起着主要作用。因此，合理利用种公貂是顺利完成配种工作的重要措施之一。公貂利用率的高低直接影响配种进度和繁殖效果。在正常情况下公貂利用率应达到90%以上，如果低于70%，当年配种工作将受到影响。

为了促使公貂早期参加配种，提高公貂利用率，在配种前1周对公貂进行异性刺激。据2年试验观察，未进行异性刺激时，初配阶段参加配种的公貂仅52%左右，而采用异性刺激后，同期公貂配种率则提高到90%以上，这样可以解决在配种旺期母貂集中发情，而公貂不能适时配种的困难。

配种开始时，先把发情好、性情温顺的母貂尤其是老母貂送给初配公貂，千方百计使其能交配成功1次，并在第二天继续配另一只母貂。初期训练重点应放在幼龄公貂。在配种期公貂一般能配10～15次，多达25次，但也不要交配次数太多。原则上初配阶段每只公貂每天只配1次，连续配3～4次停放1天。复配阶段1天可配2次，两次间隔4～5小时，连续2天交配4次者，停放1天。

体况较肥的公貂，一般初配较晚，初期交配能力差，但不要因此而放弃不管，要耐心训练。待其学会以后，会在配种后期发挥作用。3月10日前公貂利用率争取达到85%以上。体况较瘦的公貂，到后期交配能力下降，但性冲动早，性欲强。因此，在初期就要注意合理利用。

训练公貂不能急于求成，只要公貂睾丸发育正常，性欲不减，就要持之以恒。在试情放对时，只要能听到"咕咕"叫声，还会爬跨的公貂，每天坚持放对，选发情好、性情较温顺的母貂，经过几天的训练，一般都能交配成功。在训练公貂交配过程中要注意保护公貂不被母貂惊吓和咬伤，更不能粗暴地扑打公貂，以防产生性抑制而失去种用价值。

凡是已交配过的公貂，都要进行精液品质检查。在初配和复配阶段各检查1次，对配种次数多的公貂更要注意。

精检在室内(20℃以上)进行。一般用清洁消毒的小吸管或钝头细玻璃棒插入刚交配完的母貂阴道内，取少量精液，涂在载玻片上，置于100～400倍显微镜下观察。主要检查精子活力和形态、密度等情况。正常精子呈直线运动，形状似蝌蚪。无精、死精或精子畸形，精子呈螺旋运动，都属于品质不良。对于无精或精液品质不良的公貂应予淘汰，对其交配的母貂应另换公貂重配。

金州水貂场精检时，先将载玻片压在刚结束交配的母貂阴门上，沾取一点精液镜检。如此种方法检查效果不准确时，再用细管抽取阴道内精液补检。每精检1次后，小吸管要在生理盐水中冲洗几次。

(三)妊娠保胎技术

母貂配种结束后，由于受精卵有1～46天的胚泡滞育期，因而水貂妊娠期有很大的变动范围。在相同气候和饲养管理条件下，同1天交配的母貂(3月7日、15日各1次)，其妊娠期也有19天(总共44～63天)的变动范围。据统计分析，1次交配者，每推后1天交配，妊娠期平均缩短0.4天。如3月31日交配的母貂与3月1日交配的母貂相比，妊娠期缩短12.4天。早期结束交配的母貂，其妊娠期比晚期结束的母貂长些。

在母貂的整个妊娠期内，胚胎发育过程分为卵裂期、胚泡滞育期和胚胎期。卵细胞在输卵管上段受精后，受精卵从输卵管到达子宫需6～8天的时间；胚泡进入子宫后，由于黄体尚未活动，不立即植入子宫壁，处于游离状态，需要经过1～46天的胚泡滞育期。滞育期的长短与日照时数长短有关，随着春分后的日照时数的增加，滞育期缩短。因此，早期结束配种的比晚期结束配种的母貂，有更长的滞育期。由于胚泡滞育期的长短不一致，导致个体间妊娠期的变化幅度很大。在自然条件下，无论母貂配种结束日期如何，血浆中孕酮浓度多在 3 月 25 日至 30 日开始升高，所以，胚泡多在 4 月 1 日至 10 日植入。如果增加光照，则可诱发孕酮提前分泌，从而缩短胚泡滞育期。根据上述妊娠特点，在生产中要注意光照时间，妊娠期不能在室内饲养，更不能无规律地延长或缩短光照。

胚泡植入子宫壁后，胚胎迅速发育，经 30±1 天就能产仔。胚泡植入和胚胎发育与子宫的生理状态有密切关系。如果此期喂给含有激素的饲料或乱用外源激素，会使胚胎发育所必需的并且子宫已形成的正常激素调节受到破坏，从而造成妊娠中断。所以，在妊娠期不能利用带有甲状腺的动物气管和含有各种激素的畜禽副产品作饲料。凡是用激素类药物处理过的饲料，也不能用来喂水貂。

妊娠期保胎技术，合理的日粮组成和科学管理，是生产中的关键措施。妊娠后期应推算每头母貂的预产期，记在纸片上贴在产箱上。水貂妊娠期和预产期的快速推算法，见图 3-2。

先在横轴上找出最后配种日期，再在纵轴上找实产期，这两条直线相交的斜线所指的日期就是妊娠期。

推算预产期：先在横轴上找出最后配种日期，再从此点向上延伸，查到通过“47”的粗斜线的交叉点，此点向左的平行线与纵轴交叉所指的日期，就是可能性较大的预产期。

（四）产仔保活技术

1. 产仔期　金州水貂场的产仔期多半在 4 月中旬至 5 月中旬，尤其是 5 月 1 日前后 5 天是产仔旺期（表 3-4），可占

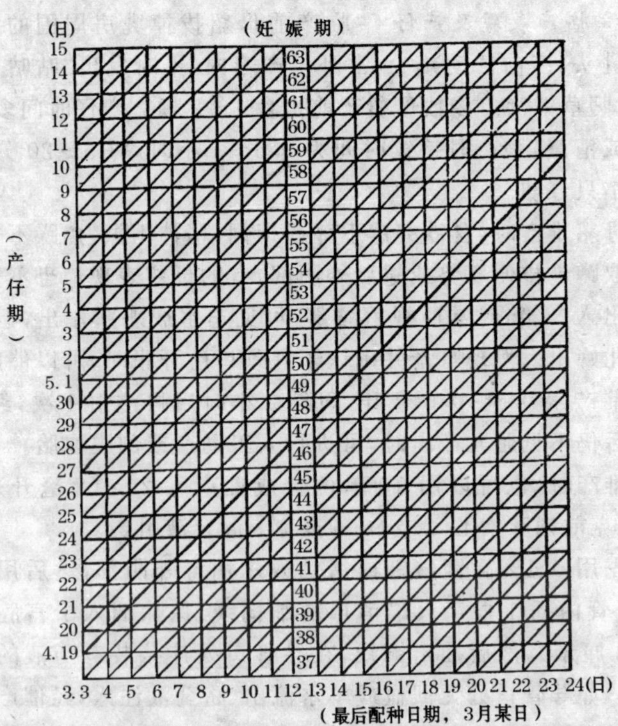

图 3-2 水貂妊娠期和预产期快速推算图

总产胎数的 75%～84%。

表 3-4 金州水貂场 2000 年产仔进度

项目	4月		5月				
	25 日前	26～30	1～5	6～10	11～15	16～20	21 日后
产仔母貂数(只)	208	4419	5924	719	726	237	56
各候产仔比例(%)	1.69	35.96	48.20	5.85	5.91	1.93	0.46
累计产仔进度(%)	1.69	37.65	85.85	91.70	97.61	99.54	100
胎平均(只)	6.03	6.14	6.28	6.07	6.00	5.94	5.88

注：5 天为 1 候

2. 临产表现及产仔　临产前母貂拔掉乳房周围的毛，露出乳头，产前活动减少，常卧于产箱内，不时发出“咕咕”的叫声，叼草铺窝。多数母貂产前拒食 1～2 顿。产仔时间多在夜间或清晨，顺产时持续时间为 0.5～4 小时，每 5～20 分钟娩出 1 只仔貂。

母貂难产时，食欲突然下降或拒饲，精神不振，焦躁不安，不断取蹲坐排便姿势或舔舐外阴部。有的母貂表现惊恐不安，频繁出入产箱，时常回视后腹部，可见羊水或恶露流出，但不见胎儿娩出。发现难产并确认子宫颈口已开张时，可以催产，肌注催产素 0.3～0.6 毫升，间隔 2 小时后再注射 1 次，经 3 小时后仍不见胎儿产出时，可进行人工助产或剖腹取胎。

难产时，也可以用 10 单位合成催产素 2 支(2 毫升)和 0.3毫克前列腺素 E_2 2 支(0.6 毫克) 混合液引产。

先用 0.1%高锰酸钾或雷佛奴尔消毒外阴部，然后用细导管(管内插 1 根经火焰消毒的细铜线)徐徐插入子宫腔内(7～8 厘米)，然后抽出铜线，在导管口处连接装有药液的注射器。如导管口处无回血或羊水流出，将药液注入，经催产仍无效时，根据情况立即剖腹取胎，成功率可达 75%～80%。

判断产仔的主要依据，是听产箱内仔貂的叫声和查看母貂食胎盘所排出的油黑色粪便。

3. 产后检查　第一次检查在母貂排出油黑色的粪便后进行，看仔貂是否健康和吃上奶。方法是将母貂引出窝箱后，用产箱的草搓手，以免带入异味，检查时动作要快、轻、准，不要破坏窝形。检查最好在母貂走出窝箱采食时进行。

健康仔貂全身干燥，体重 8～11 克。同窝仔貂发育均匀，身体温暖，抱团卧在一起，拿在手中挣扎有力，全身紧凑，圆胖红润(彩图 22)。

不正常的仔貂，胎毛潮湿，身体发凉，在窝内各自分散乱爬，握在手中挣扎无力，同窝大小相差明显。吃过奶的仔貂鼻镜发亮，腹部饱满(彩图 23)。没吃上奶的仔貂，要查找原因，如果母貂乳头周围的毛没拔掉，可以人工辅助拔毛(彩图 24)。

4 月下旬至 5 月上旬，是产仔旺期，又是提高仔貂成活率的关键时期。据现场统计资料，仔貂哺乳期一般死亡率达 10%～15%，其中产后 5 日龄内死亡率占整个哺乳期死亡率的 70%～80%。

初生仔貂早期死亡的原因很多，但主要原因还是妊娠期的饲养管理问题。仔貂早期死亡原因如下。

(1)死胎、烂胎　在妊娠期喂变质饲料，饲料单一或营养不全所致。在母貂妊娠期一定要把好饲料关，饲料一定要新鲜，凡是质量没有把握的饲料，即使数量极少，也不能利用。

(2)饿死　产后母貂泌乳、仔貂吮乳是动物的本性，但产下来的仔貂在 24 小时内吃不上初乳，会造成全窝饿死。母性不强也容易使仔貂饿死。妊娠期饲料单纯，动物性饲料供给不足或营养不全价，都会导致缺奶，从而导致仔貂大批死亡。

(3)冻死　如果产箱保温不好，仔貂容易冻死。不同日龄仔貂在产箱内所需要的温度如表 3-5 所示。

表 3-5　不同日龄仔貂在产箱内所需适宜温度　(℃)

日　龄	1～25	25～30	35～40	40 日龄后
产箱内的温度	35	30	27	10～25

掉在地上冻僵的仔貂，如及时采取急救措施，多数可以复活。其他还有压死、咬死、红爪病、脓疱症等原因引起的早期死亡。

4. 仔貂代养　胎产 8 只以上的母貂，如果乳量不足，母性不强或有恶癖，就要将其仔貂部分或全部转给乳量充足、母性强、产仔期相差不超过 1～2 天的其他母貂代养。代养时先把代养母貂引到产箱外面，再将代养的仔貂放入箱内，或者将仔貂放在产箱出入口的附近，让母貂叼入窝内（彩图 25）。注意饲养员的手上不要沾染异味，移仔前应用拟代养小室内的草将手搓擦。

5. 催乳和补饲　仔貂在 30 日龄前主要是由母貂来护理，此期的生长发育取决于母乳的质量。1～10 日龄仔貂日平均消耗乳量为 4.1 克，11～20 日龄时 5.3 克，母貂产仔后的头 10 天日平均泌乳量为 28.8 克，11～20 天时 32.2 克。在一般情况下，1 只母貂平均能哺育 7～8 只仔貂（彩图 26，彩图 27）。产仔哺乳期要密切注意母乳的数量和质量。遇有仔貂因缺乳或乳汁质量不佳而影响生长发育者，如大头细颈、被毛卷曲时，亦要适时代养。仔貂生后 20～30 日龄尚未睁眼的情况下，便开始吃母貂叼入窝箱内的饲料。生后 20 日龄时要及时补饲。仔貂从 30 日龄起，吃食速度很快，为了避免仔貂之间争食，可以将饲料放在几个食盆里（彩图 28）。

综上所述，仔貂赖以生存的条件是先天发育良好，生后健康；母貂母性正常且有丰富的乳汁作为营养；窝箱的温度适宜，能保证其活力和正常生长发育；环境安静和舒适。金州水貂场在水貂产仔保活工作中，注重创造上述饲养环境和饲养条件。由于采取了相应的综合性技术措施，因而取得了较好的效果，近年来水貂仔貂的断乳成活率达 85％以上。

（五）提高水貂繁殖力的综合性技术措施

1. 影响繁殖力的诸因素分析　影响水貂繁殖力的因素

很多，主要包括种貂的品质、种貂种群的年龄构成、繁殖技术、饲养管理和种貂生殖系统疾病防治等。

(1)种貂的品质对繁殖力的影响　种貂的品质是影响繁殖力的最关键因素。选育繁殖力高的优良种貂是提高其繁殖力的得力措施。以金州黑色标准水貂选育为例，采用杂交选育的这一新的优良品种，毛皮品质大幅度改进，繁殖力也较双亲明显提高(表 3-6)。

表 3-6　美国、丹麦和金州黑色标准水貂繁殖情况对比　(单位：只)

品种	投产母貂	母貂受配率(%)	公貂利用率(%)	产胎率(%)	胎平均产仔数	仔貂成活率(%)	群平均育成数
美国	1290	90.95	89.00	81.26	5.46	87.2	3.72
丹麦	3640	98.16	95.09	87.73	5.96	90.27	4.21
金州	8190	97.59	93.93	85.81	6.23	92.54	4.59

从表 3-6 中可以看出，金州黑色标准水貂在胎平均产仔数(6.23 只)、仔貂繁殖成活率(92.54%)与群平均育成数(4.59只)方面显著高于双亲纯繁的水貂。可见良种培育对提高其繁殖力的重要作用。金州黑色标准水貂繁殖力的提高也是渐进性的，如 1991 年其群平均成活为 4.06 只，而 1998 年则提高到 4.59 只，提高 0.53 只。

(2)种母貂的年龄对繁殖力的影响　详见表 3-7。

表 3-7　种母貂年龄与繁殖力的关系　(单位:只)

年　龄	受配母貂	受配率(%)	产胎率(%)	胎平均	群平均
1 岁	2175	97.25	89.66	4.71	4.22
2 岁	1500	97.83	92.32	5.69	4.90
3 岁	1500	98.41	93.20	5.67	5.10

从表 3-7 可以看出，经产母貂繁殖力高于初产母貂。这是因为经产母貂是经过严格的选择和淘汰的结果。由于初产母貂较选留的经产母貂繁殖力低，因此，基础种貂群中母貂的年龄结构也必然对种群的繁殖力造成影响。经产母貂比例高的种群，其繁殖力相应亦高。

(3)饲养和繁殖技术对繁殖力的影响

①体况对繁殖力的影响：种母貂繁殖期体况对繁殖力有直接的影响。过肥或过瘦的体况均对繁殖不利，适宜繁殖体况的种貂繁殖力高(表 3-8)。

表 3-8　不同体重指数母貂的繁殖力

体重指数	母貂数(只)	受配率(%)	产仔率(%)	胎平均产仔数(只)
过瘦 23 以下	3275	98.63	82.56	6.14
适中 24.26	7658	97.60	89.71	6.27
过肥 27 以上	2665	96.57	81.91	6.11

②交配日期对繁殖力的影响：交配时间不同，母貂的排卵数有所差异(表 3-9)，因而亦影响其繁殖力。母貂 3 月中旬排卵数较早期和晚期为多。

表 3-9 母貂交配日期和排卵数 (单位:个)

交配日期	3月3～6日	3月7～14日	3月15～22日	3月23日以后
统计数	16	29	51	24
排卵数	131	260	470	192
平均数	8.19	8.97	9.24	8.06

③母貂结束交配日期对繁殖力的影响:母貂结束交配日期对繁殖力的影响见表 3-10。从表 3-10 可以看出,3月中旬结束交配的母貂繁殖力高。

表 3-10 金州水貂场结束配种期落点与繁殖情况

结束配种期落点	受配母貂数	产胎数	产仔率(%)	产仔数(只)	胎平均(只)	成活数(只)	成活率(%)	群平均(只)
3月5～7日	1246	1077	86.44	5083	4.72	4398	86.52	3.53
8～10日	1076	907	84.29	6911	7.62	5098	73.77	4.74
11～12日	340	283	83.23	1460	5.16	1036	70.96	3.05
13～15日	5215	4874	93.46	33825	6.94	29346	86.76	5.63
16～18日	4534	4138	91.26	26607	6.43	21793	81.91	4.81
19～21日	1587	1247	78.57	8043	6.45	5097	63.37	3.21

④配种方式对繁殖力的影响:不同配种方式对母貂繁殖力的影响见表 3-11。从表 3-11 可以看出,周期复配和连续复配两者之间差异不显著,而周期复配中两个周期 2 次配种和两个周期 3 次配种之间,差异亦不显著。

金州水貂场之所以采用 2 次配种的方式,即初配阶段初配的母貂,在下 1 个发情周期只复配 1 次,就是基于这个原因。

表 3-11 不同配种方式与繁殖力的关系

配种方式	母貂数(只)	受配率(%)	产仔率(%)	胎平均(只)
周期复配(2次)	325	98.71	87.67	6.02
周期复配(3次)	292	97.61	88.69	6.17
连续复配(2次)	2055	98.82	78.67	6.12

⑤交配次数对母貂繁殖力的影响:交配次数对母貂繁殖力的影响,见表3-12。从表3-12中可以看出1次交配的产仔率较低,但对胎平均产仔数影响不大,2次以上复配的,产仔率提高,胎平均产仔数相对亦高一些,但3次以上者和2次交配者在产仔日期、产仔率和胎平均产仔数上无明显差异。这表明过多的交配次数并没有实际的意义,反而增加公貂的负担,影响其精液品质。

表 3-12 交配次数与繁殖力的关系 (单位:只)

交配次数	所配母貂(只)	产仔率(%)	胎平均(只)
1次	200	78.26	6.38
2次	200	90.58	6.06
3次以上	200	94.28	6.94

⑥妊娠天数对繁殖力的影响:母貂妊娠天数受其结束配种的时间制约,也与个体对光周期变化的敏感有关。不同妊娠

天数与产仔数的关系，见表3-13。从表3-13可以看出，一般妊娠天数短的要比妊娠期长的产仔数多。

表3-13　妊娠期与产仔数的关系　（单位：只）

妊娠期(天)	妊娠母貂	胎平均	最高胎产数
31～40	7	6.42	16
41～50	8642	6.27	19
51～60	4271	6.13	13
61～70	62	5.87	11
70以上	2	4.5	7
合　计	12984	6.22	

⑦年龄选配对繁殖力的影响：不同年龄的选配组合对繁殖力的影响见表3-14。从表3-14中可以看出，初配公、母貂的组合繁殖力不如初配的公貂与经产母貂之间的选配组合繁殖力高。

表3-14　年龄选配与繁殖力的关系　（单位：只，%）

选配方式	受配母貂	产胎数	产仔率	胎平均	仔貂成活率	群平均
初配×初产	300	247	82.33	6.12	88.95	3.96
经配×初产	102	86	84.31	5.99	89.34	3.82
初配×经产	430	383	89.07	6.62	93.41	4.77
经配×经产	240	208	86.67	6.58	91.72	4.65

⑧近亲与远亲繁殖对繁殖力的影响：近亲繁殖导致繁殖力降低，其原因主要是遗传上有害基因纯合(表3-15)。

表 3-15 近亲与远亲繁殖的对比 (单位:只,%)

亲缘关系	母貂数	空怀率	受配率	胎平均	仔貂成活率	群平均
近亲交配	18	22.22	94.44	5.33	50.81	2.64
远亲交配	500	13.6	97.8	6.27	93.47	4.47

(4)种貂的饲养管理对繁殖力的影响 种貂的饲养管理好坏,对其繁殖力有着直接或间接的影响。因为种貂的繁殖力必须通过饲养管理所提供的环境条件来保证和发挥。

(5)疾病对繁殖力的影响 影响水貂繁殖的疾病有生殖系统的疾病、妊娠期营养失调或代谢失调(如维生素C缺乏所产生的仔貂红爪病、钙磷失调引起的软骨病等)、腐烂变质饲料引起的妊娠中毒症以及水貂阿留申病等。阿留申病对水貂繁殖力的影响,见表3-16。

表 3-16 水貂阿留申病对繁殖力的影响 (单位:只,%)

组别	母貂数	产仔率	胎平均	仔兽成活率	群平均
阿留申病阳性貂	123	82.93	5.11	79.30	3.14
阿留申病阴性貂	2 622	87.74	6.25	88.40	4.50

2. 提高繁殖力的综合技术措施

(1)选育繁殖力高的优良种貂 在育种目标和任务中,始终把提高繁殖力作为主要内容,通过育种工作逐年提高繁殖力,挖掘和发挥水貂的繁殖潜力。

(2)及时更新种貂的血缘关系 除育种需要开展必要的

近交繁殖外，杜绝近亲交配。种群的血缘关系及时更新疏远。

(3)选留优良种貂，组成合理的年龄结构　认真搞好水貂的长年选种工作，选留繁殖力高的优良种貂。

第四章　水貂的选种和选育

一、标准水貂的选种和选育

(一)标准水貂的选种方法

金州水貂场根据育种工作的需要，每年分 3 个阶段进行选种。

1. *初选*　在 6～7 月份仔貂分窝前后进行。经产母貂主要根据繁殖能力，幼龄貂主要根据发育情况进行。成年公貂选择配种早、性情温顺、性欲旺盛、交配能力强、配种次数 8 次以上、精液品质好、所配母貂空怀率低、产仔数多的留种；成年母貂选择发情早、交配顺利、妊娠期在 55 天以内、产仔早(5 月 5 日以前)、胎产仔数多(6 只以上)、母性强、乳量充足、仔貂发育正常的留种；幼貂选择 5 月 5 日前出生、发育正常、谱系清楚、采食较早的仔貂留种。初选时符合条件的经产母貂全部选留，育成貂选留数比计划留种数多 40%。

2. *复选*　在 9～10 月份进行。成年貂根据体质恢复和换毛情况，幼貂根据生长发育和换毛情况进行。成年貂除个别有病和体质恢复较差者外，一般不动。育成貂选择发育正常，体质健壮，体型大和换毛早的个体留种。复选的数量比计划留种数多20%。10月下旬对所有留种貂进行阿留申病血检，把阳性貂全部淘汰。

3. 精选　在11月15日前进行，根据选种条件和综合鉴定情况，对所有种貂全部进行1次精选，最后按生产计划定群。精选时把毛皮品质列为重点。金州黑色标准水貂品种标准，详见附录二。彩色水貂的选种标准可参照此标准进行，但毛色必须具有各种彩貂的标准色型。

水貂的选种工作，一般初选由饲养员进行，复选由技术员负责，精选定群由育种工作小组集体把关。始终坚持把选种工作贯穿在育种工作的全过程，做到严格、慎重、准确。

（二）标准水貂的繁育方法

1. 纯种繁育　某种水貂类型已具备育种要求，不需要再进行重大改良时，可采用纯种繁殖，以保持和巩固本类型的优良性状，逐年进行选优去劣，不断扩大种群。采用纯种繁育提高水貂品质和培育新型水貂，最基本的方法是进行品系和品族繁育。

品系不仅来源相同，而且性状相似，并与类型标准相符。品系的奠基公貂叫系祖，系祖应是貂群中最优秀的个体，并且有独特的优良性状，其余性状也应具备种貂指标的要求，而且有良好的遗传性能。具体做法是先选择1只或几只近亲的具有优良品质的公貂，作为品系繁育的原始材料，使它同几只从貂群中选出的最好的母貂进行同质选配，经过3～4代的近交，可以获得与系祖同样优良的甚至超过系祖的一定数量的种貂群。培育品系必须进行严格选择，后代中不符合要求的也要严格淘汰。品系中包括符合要求的全部公、母貂在内。

品族是1只有优良遗传性状的母貂为族祖的后代，但只限于母貂，品族应是品系内更为近似的貂群。1个品系通常应有8～12个品族。

品系繁育从生物学观点出发是一种比较温和的近交，可在品种内建立一系列各有特点的品系，丰富品种结构，有意识地控制品种内部的差异，使品种的异质性系统化，使品种有可能经过分化建系和品系综合而不断发展和提高，对加速现有品种的改进、提高和为杂交改良提供亲本有重要的作用。金州水貂场的各育种材料群基本上采用此方法。

2. 杂交繁育　通常用于杂交的母本多半采用本地水貂，因它数量多，适应性强，繁殖力高，采用的父本（改良者）多为引入公貂。选择两个亲本时，应具备本类型特征的纯种，特别是引进的父本，应具有良好的遗传性能。

在养貂业中常用级进杂交，此法可以较快地改良原有品质较差的种貂群。一般级进杂交3～4代，杂交效果较明显。

金州黑色标准水貂就是以精选的美国水貂为父本，以精选的丹麦水貂为母本，采用杂交育种方法，经过组建种貂基础群、杂交创新、横交固定和扩群提高等4个阶段完成的。

金州水貂场从1989年开始，用800只美国水貂作父本，用3 200只丹麦水貂作母本进行级进杂交，其杂交模式如下：

丹麦水貂× 美国水貂
(♀) ↓ (♂)
F_1×美国水貂（非亲缘个体）
↓ (♂)
F_2×美国水貂（非亲缘个体）
↓ (♂)
F_3× F_3

在杂交阶段，严格选种，每一代中淘汰率48%～61%。对杂交后代的种群质量进行严格、认真的鉴定和评级，公、母貂的等级标准，见附录二的附表1。根据公、母貂的分级标准从杂交三代中选出特级公貂和特级、一级母貂进行横交固定。二、三级母貂和一、二级公貂全部淘汰。

（三）种群选配

1．种群选配的意义　种群选配是研究和制定与配个体的种群特性和配种关系。在水貂的育种过程中，其相同类型和不相同类型间、不同品质个体间交配，其后代的基因表现型是大不一样的。有计划地选配，可以更好地组合后代的基因型，塑造更符合育种目标所要求的貂群或利用其杂交优势，提高生产效率。选配是选种工作的继续，两者有机的结合，才能为育种工作奠定良好的基础。

2．种群选配的原则　为了做好选配工作和制定选配计划，应注意如下事项。

（1）要根据育种目标进行综合考虑　育种工作应有明确目标，各项具体工作应根据育种目标进行，选配当然也不例外。为了更好地完成育种目标规定的各项任务，不仅要考虑与配个体的品质和相互间的亲缘关系，还要考虑相配个体的种群特性及对它们后代的作用和影响。在分析个体和种群特性的基础上，应力求增强其优良性状和克服不良缺陷。

（2）尽量选择亲合力好的种群和个体来交配　无论是种群间还是个体间，都应选择选配组合后后裔表现良好，品质明显提高的种群和个体来交配，以期达到育种的目的。

（3）公貂的品质等级要高于母貂　因公貂具有带动和改进整个貂群的作用，而且留种数量较少，所以其质量等级要高于母貂。对特、一级公貂应充分利用，二级公貂则控制使用。公貂的最低等级要同于母貂，绝不能低于母貂。

(4)相同缺点或相反缺点者不宜选配　选配中具有相同缺点或相反缺点的公、母貂不能交配，以免加重其缺点的发展。

(5)不要任意近交　近交只宜控制在育种群必要时采用。一般繁殖群非近交可防止因近交繁殖而导致的退化。因此，同一公貂在同一种群内使用年限不宜过长，应注意种群的血缘更新工作。

(6)搞好品质选配　优良的公、母貂一般情况下都应进行同质选配，在后代中巩固其优良品质。一般只有对品质欠优的母貂或为了特殊的育种目的才采用异质选配。杂交改良中也不应用杂交后代的公貂来作种貂。

(7)个体选配的注意事项　个体选配中在体型的选配上，不宜选过大的公貂与过小的母貂交配；年龄选配上，不宜用小公貂与小母貂交配等。

(8)不同色型间不宜乱配　不同色型的彩貂之间以及彩貂与标准貂之间，非育种需要不宜交配。否则，交配后所生的杂种貂，不仅降低种用价值，而且其杂色的商品皮，也会因毛色不正而影响经济效益。

二、彩貂的选种和选育

(一)彩貂的选种方法

彩貂的选种方法，基本上与标准貂相同，但彩貂的选种要注重质量性状，以个体的毛色表现型为基础进行选种。要求毛色纯正，具有本品种的标准特征。对一些质量性状，根据系谱和后裔的分析，可以了解基因型。如根据亲代和子代的毛色表现型，判断其基因型，从而进行有效的选择。对一些有害的隐性基因如脑水肿、先天性后肢瘫痪、不育症等，也根据子代的表现型，对亲代进行有效的选择。

在晴天 9～10 时观察银蓝色彩貂时，发现有的身上有铁锈色，这种貂繁殖力低，应淘汰。彩貂中有时发现针毛呈银白色，在阳光下显得很亮，经剖检观察，从睾丸中往往能发现紫色或黄色斑点，缺乏精原上皮组织，但间质细胞组织仍然存在。这种貂虽然性欲强，但精液中无精子。这种公貂叫做霍姆(homo)，应淘汰掉。

(二)彩貂的选育方法

彩色水貂的每一种色型都是由 1，2，3 对或几对基因控制，只要了解亲本的基因型，就可以有计划地培育出彩色水貂。

由于水貂的隐性基因只有在纯合时才能显出彩色，因此，要保持某种彩貂的毛色，必须在该色型个体间进行交配。此外，不同色型之间或彩貂与标准水貂之间的杂交方法也可以培育出不同色型的彩貂。

1. 单隐性遗传基因彩貂的选育方法　单隐性遗传基因的彩貂，是 1 对隐性基因纯合的彩貂，如银蓝色、青蓝色、米黄色、咖啡色和黑眼白貂等。这类彩貂纯种繁殖时后代毛色不出现变异。为了更新其血缘关系，防止同色型纯繁时所产生的退化现象，必要时也可采用与黑褐色水貂杂交，杂种后代的母貂再用相同颜色公貂回交的方法去分离彩貂。当 1 对隐性基因的彩貂与标准水貂杂交时，子一代的表现型均为黑褐色，但基因型是杂合的，当子一代间横交或用具有隐性基因的亲本回交时，子二代中就能分离出彩色水貂。子二代表现型中，黑褐色和彩貂的比例横交为 3∶1，回交为 1∶1。

示例：

亲代：米黄色水貂×标准水貂
(bpbp) ↓ (BpBp)
F_1 黑褐色杂种
(Bpbp)
横交：Bpbp×Bpbp→BpBp＋Bpbp＋bpbp
1 ∶ 2 ∶ 1
（黑褐色） （米黄色）
回交：Bpbp×bpbp→Bpbp＋bpbp
1 ∶ 1
（黑褐色）（米黄色）

在生产中，采用回交比横交能获得更多的彩貂。具有 1 对隐性基因的其他色型彩貂的毛色遗传规律基本上如此。

黑眼白貂(hh)的毛色遗传规律有所不同，当黑眼白貂与标准水貂杂交时，虽然子一代毛色基本上是黑褐色，但腹部有大小不等的白斑，尾尖和四肢端为白色，这反而降低了毛皮品质。当子一代之间横交时，子二代出现 3 种基因型个体，从外观上容易区别开来。Hh 个体尾尖部全带白色。

HH × hh → Hh
（黑褐色）（黑眼白）（杂种黑褐色）
横交：Hh × Hh → HH ＋ Hh ＋ hh
1 ∶ 2 ∶ 1
（黑褐色）（杂种黑褐色）(黑眼白)

回交：Hh × hh → Hh ＋ hh

1 ： 1

（杂种黑褐色） （黑眼白）

2. 双隐性遗传基因的繁育方法　两对隐性基因所控制的彩色水貂是通过采用具有不同的1对隐性基因的彩貂杂交方法，在子二代中培育出来的，这种水貂具有双隐性基因组合。如果场内有银蓝色貂（pp）、青蓝色貂（aa）和米黄色貂（bpbp），就可以培育出具有双隐性基因的蓝宝石貂（aapp）或珍珠色貂（bbbpbp）。

金州水貂场曾采用如下几种杂交选育方法，培育出珍贵的珍珠色水貂。

（1）银蓝色水貂与米黄色水貂之间的杂交　这种杂交在子一代表现型全为黑褐色杂种貂，基因型为PpBpbp，当子一代进行横交时，在子二代将出现4种表现型的后代（表4-1）。

亲代　银蓝色 × 米黄色

（ppBpBp） ↓ （PPbpbp）

F_1　PpBpbp

（黑褐色杂种貂）

F_1 代横交：PpBpbp × PpBpbp

↓

↓　↓　↓　↓

F_2　P—Bp— ＋ ppBp _ ＋P _ bpbp ＋ppbpbp

9 ： 3 ： 3 ： 1

（黑褐色杂种貂）（银蓝色杂种貂）（米黄色杂种貂）（珍珠色貂）

表 4-1 银蓝、米黄色杂种貂横交试验结果 （单位:只）

杂交组合	产胎数	仔貂数	子二代分离（只）			
			黑褐色	银蓝色	米黄色	珍珠色
PpBpbp(公)×PpBpbp(母)	43	262	149	52	44	17

(2)珍珠貂与银蓝貂或米黄貂杂交　珍珠貂与银蓝貂或米黄貂杂交时，子一代将全部是后一种彩貂色型，但都是杂合型彩貂。当子一代间横交或与珍珠貂回交时，均获得珍珠色水貂。此种方法在杂交过程中，不但不出现黑褐色杂种貂，而且有助于提高珍珠色水貂的生活力，也能迅速扩大珍珠色貂群(表 4-2)。

示例 1：ppbpbp × PPbpbp → Ppbpbp
（珍珠色貂）（米黄色貂）（米黄色型杂种貂）

横交：Ppbpbp×Ppbpbp→PPbPbP＋Ppbpbp＋ppbpbp
（米黄色型杂种貂）（米黄色）（米黄色）（珍珠色）

回交：Ppbpbp × ppbpbp → Ppbpbp ＋ ppbpbp
（米黄色型杂种貂）（珍珠色）（米黄色型杂种貂）（珍珠色）

示例 2：ppbpbp × ppBpBp → ppBpbp
（珍珠色貂）（银蓝色貂）（银蓝色型杂种貂）

横交：ppBpbp×ppBpbp → ppBpBp ＋ ppBpbp ＋ ppbpbp
（银蓝色型杂种貂）（银蓝色）（银蓝色）（珍珠色）

回交：ppBpbp × ppbpbp → ppBpbp ＋ ppbpbp
（银蓝色型杂种貂）（珍珠色貂）（银蓝色）（珍珠色）

在生产中，采用回交方法比横交能获得更多的珍珠色貂，它具有杂交优势，生活力强，繁殖力高。因此，在彩貂生产中如遇到后代生活力弱，成活率低时，可采用这种杂交方法。采用此方法培育和扩群珍珠色水貂是比较经济的，因为得到的杂合型后代都是彩貂，不带有杂毛或白斑，对皮张质量影响不大。

表 4-2 珍珠色貂与米黄色貂杂交试验 （单位：只）

杂交方法	杂交组合 ♀×♂	产胎数	产仔数	其中 米黄色	珍珠色
横 交	Ppbpbp×Ppbpbp	36	194	144	50
回 交	Ppbpbp × ppbpbp	69	429	213	216

珍珠貂与标准水貂之间的杂交，在饲养场里只有 1 只或几只珍珠公貂（有时只有母貂无公貂），可以采用这种杂交方法。子一代杂种表现型均为黑褐色，当子一代之间横交或与珍珠色貂回交时，子二代就分离出珍珠色貂（表 4-3）。

示例 3：ppbpbp（珍珠色貂） × PPBpBp（标准貂） → PpBpbp（黑褐色杂种貂）

横交：PpBpbp×PpBpbp（黑褐色杂种貂） → P_Bp_（黑褐色） + ppBp_（银蓝色） + P_bpbp（米黄色） + ppbpbp（珍珠色）

回交：PpBpbp（黑褐色） × ppbpbp（珍珠色） → PpBpbp（黑褐色） + ppbpbp（珍珠色）

表 4-3 珍珠色貂与标准貂杂交试验 （单位：只）

杂交方法	杂交组合 ♀×♂	产胎数	产仔数	其中 黑褐色	银蓝色	米黄色	珍珠色
横 交	PpBpbp×PpBpbp	7	37	19	7	9	2
回 交	PpBPbp×ppbpbp	10	61	27	—	12	22

用标准貂繁育珍珠色貂时，应尽量采用回交方法，同时对子二代获得的其他彩貂全部淘汰。

3. 3 对隐性基因彩貂的选育方法　要培育 3 对隐性基因

的组合色型，必须把3对毛色基因组合在1个个体上。以培育紫罗兰(aabmbmpp)为例：先用蓝宝石貂与莫依尔浅黄貂杂交，子一代获得3对杂合的标准色貂。然后子一代间横交，子二代便获得紫罗兰貂，在子二代中能获紫罗兰的几率只是1.56%(1/64)

示例：　　aappBmBm × AAPPbmbm
　　　　（蓝宝石貂）↓（莫依尔浅黄貂）
横交：　　AaPpBmbm × AaPpBmbm
　　　　（黑褐色）↓（黑褐色）

↓　↓　↓　↓

27A _ p _ Bm＋9A _ P _ bmbm ＋ 9A _ ppBm _＋9aaP _ Bm－
（黑褐色）（浅黄色）（银蓝色）（青蓝色）

＋3A _ ppbmbm＋3aappBm _ ＋3aaP _ bmbm ＋1aappbmbm
（银黄色）（蓝宝石色）（浅黄色）（紫罗兰貂）

获得紫罗兰貂后，想要扩大此色貂群，可与蓝宝石貂杂交，经子一代回交，子二代出现50%机率的紫罗兰貂。

示例：　　aappbmbm × aappBmBm
　　　　（紫罗兰貂）↓（蓝宝石貂）
　　　　aappBmbm × aappbmbm
　　　　（蓝宝石色杂种貂）↓（紫罗兰貂）
　　　　aappbmbm ＋ aappBmbm
　　　　（紫罗兰貂）（蓝宝石貂）

4. 显性遗传基因彩貂的选育　具有1对显性基因的彩貂，无论是纯繁还是与标准水貂杂交，子一代都表现出显性彩貂的毛色。当子一代杂种貂与标准水貂回交时，子二代毛色比例各占一半，这一点区别于隐性基因的彩貂。

黑十字水貂是显性遗传基因的彩貂。它分别与咖啡色水貂、银蓝色水貂、蓝宝石色和米黄色等水貂杂交，从中可以分离出相应色型的彩色十字貂。

黑十字貂中，由于部分个体黑色毛明显多于白色（黑毛过多），所以，难以辨认出黑十字图样，这种个体的出现与选配组合有关。因此，在培育黑十字貂时，要注意黑十字过多个体出现。黑十字貂不宜与标准水貂杂交（表 4-4）。

表 4-4　不同选配组合与黑毛过多个体出现率的关系

杂交组合 ♂×♀	子一代表现型（%）			黑毛过多个体的出现率（%）
	SS	Ss	ss	
SS×ss	—	100	—	7
Ss×Ss	25	50	25	5.8～6.1
SS ×Ss	—	50	50	23 ～25

彩色十字貂是由黑十字水貂与彩貂杂交选育而成，其基本毛色是各种彩色的基础上头背部兼具十字貂的黑褐色色斑。

水貂毛色是一种较明显的质量性状，每一种毛色基本上受 1 对或几对基因所控制。在彩貂选育工作中，只要掌握基因型，就可以根据生产上的需要，有计划地进行新色型的基因组合。从杂交后代表现型的比例，分析其是显性还是隐性基因，是 1 对还是两对以上基因的杂交。在了解其基因的显、隐性及对数以后，可以预测在后代可能出现的各种表现型的比例。如有 2 对基因性状，在子二代形成 4 对配子，16 个组合，9 种基因型，4 种表现型，其比例为 9 ∶3 ∶3 ∶1。同理 n 对基因，则有 2^n个配子，4^n个组合，3^n 种基因型，2^n 种表现型。

（三）金州水貂场彩色水貂繁育原则

金州水貂场计有 5 个系列 10 多种类型的彩色水貂。一般情况下是以同色型的纯繁为主。在近交繁殖有退化趋向或血缘关系过近时，采用杂交分离的办法疏远血缘关系和更新复壮。

单隐性和双隐性遗传基因的彩貂间，有1对相同隐性基因者可互相杂交，杂交后代用双隐性彩貂回交，这样可以使后代全部是彩貂，既增加了双隐性彩貂的扩繁速度，又不至于影响经济效益。尤其是某些繁殖力低的彩貂更适宜采取此方法。如蓝宝石水貂毛皮价值昂贵，但其纯繁时繁殖力低，采用蓝宝石貂与银蓝色水貂杂交，杂种后代的银蓝色母貂再用蓝宝石公貂回交，后代中将有50%的蓝宝石貂。繁殖的效率明显较蓝宝石貂纯繁时提高(表4-5)。

表4-5 不同繁育方式生产蓝宝石水貂繁殖力对比

繁育方式	母貂发情率(%)	母貂受配率(%)	产仔率(%)	胎平均产仔数(只)	仔貂成活率(只)	群平均育成数(只)
纯　　系	97.18	86	68.48	5.10	82.28	3.07
杂交分离	98.18	94.22	96.25	5.06	85.88	4.56

不同毛色的单隐性遗传基因彩貂之间一般不进行杂交繁育，因为此种杂交方式虽然能培育出双隐性的彩貂，但分离比例太低，且在杂交过程中生产出许多毛色不正的杂种黑褐色貂皮，影响经济效益。3对隐性毛色遗传的彩貂培育费时费力，分离的比例更低，在生产上没有实际的经济意义，故一般也没有必要通过杂交的方式来繁育。丹麦深棕色貂(Mahogany)是近年国际市场最流行的毛色，故金州水貂场正在重点增进扩繁速度，深棕色水貂与标准色水貂杂交繁育及其与咖啡色水貂的杂交繁育，也正在试验观察中。

三、金州水貂场育种措施

(一)金州水貂场的育种方向和目标

育种工作的任务，就是培育出优良品种。育种的宏观方向是：培育毛绒品质优良、色型新颖美观、繁殖力高、生活力适应性强、体型大、体质强健和能保持本品种优良特性的优育品种或类型。

1. 标准色水貂的育种目标

(1)毛色　全身毛色一致，无杂色毛，颌下和腹下无白斑，毛色深黑，针毛达漆黑，绒毛漆青色。背腹部毛色基本一致。

(2)光泽　光亮，有丝绸感。

(3)毛绒长度　背正中线 1/2 处两侧的针毛长 20 毫米以下，绒毛长 15 毫米以上，针绒毛长度比 1∶0.71 以上。背腹部毛绒长度差别不明显。而且毛峰平齐，具有弹性，分布均匀，绒毛稠密柔软，而且灵活。

(4)毛绒密度　每平方厘米鲜皮有毛纤维 12 000 根以上，干皮为 30 000 根以上，且分布均称。

(5)体重　成龄公貂 2 100 克以上，母貂 1 200 克以上。

(6)体长(鼻尖至尾根)　成龄公貂体长 45 厘米以上，母貂体长 39 厘米以上。

(7)繁殖力　公貂利用率 90%以上，一个配种季节交配 10 次以上。母貂发情率 99%，受配率 98%以上，产仔率 85%以上，胎平均产仔 6 只以上。仔貂成活率(6 月末)85%以上，幼貂成活率(11 月末)95%以上，年终群平均育成幼貂数 4.6 只以上。

(8)抗病力　种貂基本无阿留申病，年自然死亡率低于3%。

2. 彩色水貂育种目标　彩色水貂育种目标要求毛色具有本色型的典型颜色，且个体间差异不明显；毛绒品质向短而光泽性强的方向培育；体型与标准貂标准相似；繁殖力虽因色型而异，但基本同于标准貂，育种时应努力提高彩貂（如蓝宝石貂）繁殖力及其抗病力。

彩貂的生产必须具备较大的种群规模（各色型种貂量至少应有 500 只以上）。种群数量少，不利于育种工作。

（二）优良品种的提纯复壮和再提高技术措施

金州水貂场建场以来，先后引进过原苏联标准水貂，丹麦、挪威、荷兰等北欧标准水貂，加拿大、美国等北美标准水貂，美国短毛漆黑水貂，以及珍珠、米黄、银蓝、紫罗兰、咖啡、红眼白等彩色水貂计 10 余个类型。

随着风土驯化及生产性能考察，对于那些不符合育种目标所要求的类型已经陆续被淘汰（如原苏联标准水貂、荷兰标准水貂等）。而对于生产性能好的种类，则加强其提纯复壮和再提高的育种工作。如目前仍保留的美国、加拿大北美标准水貂和新引进的美国漆黑水貂、丹麦深棕色貂及丹麦红眼白貂等。

这些优良品种和类型经风土驯化后的提纯复壮工作，主要是采取品系、品族繁育技术措施，使其优良的遗传特点得以巩固和纯合，保持其优良的特征。而这些优良品种或类型的再提高，主要是采取组建育种核心群的技术措施来解决的。

（三）改进原饲养种群品质的技术措施

第一，不断淘汰品质较差的品种或类型，增加优良品种或类型在种群的比例，使种群的品质逐渐提高。

第二，采用杂交繁育的方式，改良和提高原有种群的品质。

杂交繁育是采取两个以上具有不同遗传类型和不同优良性状的水貂杂交。杂种后代，由于基因的杂合性增加，能把双亲不同的优良遗传性状结合在一起，丰富遗传内容，从而获得杂交优势。如金州黑色标准水貂的育种成果就是很有说服力的证明。目前又进一步开展了美国短毛漆黑水貂与金州黑色标准水貂的再杂交试验观察，旨在进一步改进其毛绒品质。

杂交繁育改良和提高原有种群的品质，在彩色水貂育种工作中也经常采用，通过杂交分离的方法可使彩貂的生活力得以明显提高。

（四）分群交叉远血缘繁育

近亲繁殖对繁殖力的影响很大。金州水貂场除在育种群有目的、有计划地采用近亲繁殖外，生产群竭力避免近亲繁殖。比较行之有效的技术措施，就是采用分群交叉选配，即远血缘繁育。生产群所用的公貂一般在配种结束后全部屠宰取皮，当年秋季复选和冬季精选时，再互相交叉从别的饲养种群中选留公貂。这样，不但使各饲养种群的公、母貂间血缘关系变得疏远，而且简单易行，省去了自群选配需查核系谱的麻烦。由于金州水貂场种群数量大，各饲养种群的组数亦多，故交叉选择种貂的编组轮回的年代相对亦长，在杜绝近亲繁殖的危害方面，取得了明显效果。

（五）组建育种核心群

1. 组建育种核心群的作用　育种核心群始终保持其品

质最优的地位，并在育种工作中起到统率作用。育种核心群集中了全场最优秀的种貂，因此育种核心群内的选配均属同质选配，能加速优良遗传基因的纯合，增加其在种群当中的遗传频率。否则，非常优秀的个体分散在各饲养群中，优良的遗传基因得不到纯繁和纯合的机会，而被白白浪费了。育种核心群在优中选优的过程中，筛选下来的种貂仍较生产中的种貂优良。从育种核心群向生产群调拨种貂也有利于加速改良生产群的品质。

2. 育种核心群的组建和管理　育种核心群必须在人工选择（选种）的基础上，由综合鉴定最理想的个体组成。初建育种核心群时，可从全场各饲养群中选择佼佼者集中组成，以后再从核心群纯繁后代中择优组成。

育种核心群的管理主要是加强纯繁选育工作，严格淘汰不理想的后代。这样才能使核心群的质量得到不断提高，最终成为全场质量最高的种群。

另外，在核心群的育种工作中，应特别注重某些微小的有益性状的变异，如果这些有益性状的变异能够遗传给后代，并逐渐发展和巩固，则会形成新的有益性状，进一步提高核心群的质量。如金州黑色标准水貂育种过程中曾出现过毛质近似于短毛漆黑貂的个体，也发现过仔貂生后皮肤颜色较同窝其他仔貂颜色更深的个体，通过独立淘汰法选择这样的水貂组建品系、品族繁殖，增进了这些有益性状的积累和巩固，收到了明显效果。

组建育种核心群来加强水貂育种工作是卓有成效的。不仅大型饲养场必须采用，中、小型饲养场也可以进行。

第五章　水貂的产品加工

一、水貂皮的初步加工

水貂皮是珍贵的小毛细皮，加工要求极为严格，必须认真按照国家规定的规格要求，精心操作。

（一）取皮时间与毛皮成熟鉴定

1. 取皮时间　根据冬毛是否成熟而定。过早或过晚取皮，毛皮质量都会受到影响。取皮时间因地区纬度和饲养管理条件不同而有变化，各场应根据当地气候条件和实际成熟情况，确定最合适的取皮时间。金州水貂场地处辽宁南部，位于北纬 38°57′，11 月下旬至 12 月上旬为水貂取皮季节。不同色型水貂的取皮时间有所差异。

水貂皮成熟，一般彩貂比标准貂早，老貂比幼貂早，母貂比公貂早，中等肥度的健康貂比过瘦或有病的貂成熟早。

2. 毛皮成熟鉴定　11 月中旬，毛皮成熟鉴定小组逐只鉴定毛皮成熟情况。

3. 毛皮成熟的标志

第一，全身夏毛脱净，冬毛换齐，针毛光亮，绒毛厚密，当水貂弯转身躯时，要见有明显的“裂缝”。

第二，全身毛峰平齐，尤其是头部，耳缘针毛长齐，毛色一致，尾毛蓬松粗大。

第三，试剥时，皮肉易分离，皮板洁白，或仅在尾尖端、肢端有青灰色。

（二）处　死

水貂的处死方法很多，如颈椎折断法、药物致死法和心脏注射空气法等。处死方法的选择应本着处死迅速，不损伤毛皮，经济适用为原则。金州水貂场常以横纹肌松弛药司可林（氯化琥珀胆碱）处死。每支司可林先做 50 倍稀释，按 1 毫克每千克体重的剂量，每头貂肌内注射 1～2 毫升，在 2～5 分钟内死亡，死前不挣扎，不污染毛皮，体内药物无毒性，不影响尸体的利用。颈椎折断法适用于小型场（户），此法操作简单，不需任何设备，不损伤毛皮。其方法是：将水貂捉住后，放在坚固平滑的物体上，先用左手（带棉手套）压住肩背部，然后用右手心托住其下颌，将头向后背方向屈曲，再迅速向前方推压，当手感到有骨折之感时，即第一颈椎脱臼而死亡。此法劳动强度大，不适于大、中型场。

（三）剥　皮

金州水貂场备有专用的处死运输车，车的上部是方形大铁笼，铁笼的上方留有活动门。拟注射药物处死的皮貂从活动门放入铁笼中，批量处死后及时将貂尸运往剥皮间。

水貂剥皮一般采用圆筒式剥皮法，具体操作程序如下。

1. 挑裆　先用挑刀从后肢爪掌中间，沿背腹毛长短分界线，横过肛门前缘 3 厘米直挑至另一后掌中间，再从肛门后缘沿尾中线挑至尾长的 1/3，再挑开肛门两侧与尾根处连接的皮肤，去掉 1 块小三角形毛皮，留在肛门上。挑开肛门两侧皮肤时，挑刀应紧贴皮肤，以免挑破肛门腺。

2. 剪除前肢脚掌　用骨钳从腕关节处剪掉两前肢的脚

掌。

3. 剥皮　挑裆后，要用锯末洗净挑开处的污血。剥皮时，先将手指插入后肢的皮和肉之间，用手指细心剥下整个后肢的皮，剥到掌骨处，用左手用力往下拉皮，右手用剪刀割开皮与肉的连接处。当露出最末一节趾骨时，用剪刀剪断趾骨，使后爪翻包在腿皮内。剥至尾皮时，用手或钳抽出尾骨，并将尾皮全部挑开。然后将两后肢一同固定在工作台上，两手抓住皮张后缘，向头部方向翻剥，使之成筒状。剥公貂皮时，剥到腹部包皮处先剪断阴茎口，以免撕坏皮张。剥至前肢处，用手将前肢从皮筒中翻出。剥至头部时，切勿将眼裂、耳孔和嘴角割大。要注意保持耳、眼、鼻、唇部皮张的完整。在剥皮过程中，边剥边撒锯末或麸皮（彩图 29）。

（四）刮　油

有机器刮油和手工刮油两种方法。

1. 机器刮油　金州水貂场以机器刮油为主，刮 1 张皮只用 40～60 秒钟，劳动效率高。

先将筒状生皮套在刮油机的木制辊轴上，拉紧后用铁夹固定两后肢和尾部。右手握刀柄，接通电源，机械刮油刀即开始旋转。刮油时，先从头部起刀，使刀轻轻接触皮板，同时向后推刀到尾部，依此推刮。使用刮油机时，起刀速度不能过慢，更不能让刀具停留在一处旋转，否则由于刀具旋转摩擦发热，损伤皮板，造成严重脱毛。皮板上残留的肌肉、脂肪和结缔组织用剪刀修刮干净（彩图 30）。

2. 手工刮油　把筒皮套在合适的粗橡皮管上（也可用直径 3.5 厘米表面光滑的硬胶棒），用刀刮去脂肪和肌肉。刮油时，把鼻端挂在工作台的钉子上，然后从尾部和后肢开始向前刮，边刮边用锯末搓洗皮板和手指，以防脂肪污染毛绒。刮油时应转动皮板，平行向前推进，直至耳根为止。在刮乳房或阴茎部位时，用力要稍轻，其他部位也要用力适当，四肢和尾部要刮净。头部皮板上的肌肉往往无法用刀刮净，因此，在刮油完成后，要用剪刀将头部皮板上的肌肉剪除干净(彩图 31)。

(五)洗　皮

用转鼓和转笼进行洗皮(彩图 32)，机器洗皮效果好。洗除油污，使毛绒洁净而达到应有的光泽。先将皮筒的板面朝外，放进有锯末的转鼓里，转几分钟后将皮取出，然后翻转皮筒使毛被朝外，再放进转鼓里洗。洗皮用的锯末一律要筛过，除去其中的细粉，因过细的锯末会粘在绒毛内，不易去除。把洗完的貂皮再放入转笼里甩净锯末和尘屑。转鼓转笼的速度控制在 18～20 转/分，各运转 5～10 分钟即可。

(六)上　楦

使用国家统一规格的楦板。我国水貂皮楦板分两种，一种是公皮楦板，一种是母皮楦板。公皮楦板长 110 厘米，厚 1.1 厘米。由楦板尖起至 2 厘米处宽 3.6 厘米，至 13 厘米处宽 5.8 厘米，至 90 厘米处宽 11.5 厘米。母皮楦板长 90 厘米，厚 1 厘米。由楦板尖起至 2 厘米处宽为 2 厘米，至 11 厘米处宽 5 厘米，至 71 厘米处宽 7.2 厘米(图 5-1)。

使用时，先把专用纸套套在楦板上，再把貂皮毛朝外套在楦板上，拉住两前腿调整皮形，并把两前腿顺着腿筒翻入胸内侧，使露出的腿口和全身毛面平齐。然后翻转楦板，先上正头部，拉两耳使头部尽量伸长，再拉臀部，将尾基部尽量拉宽、固定，并使臀部边缘与尾根平齐，用图钉或细网片固定。尾部拉

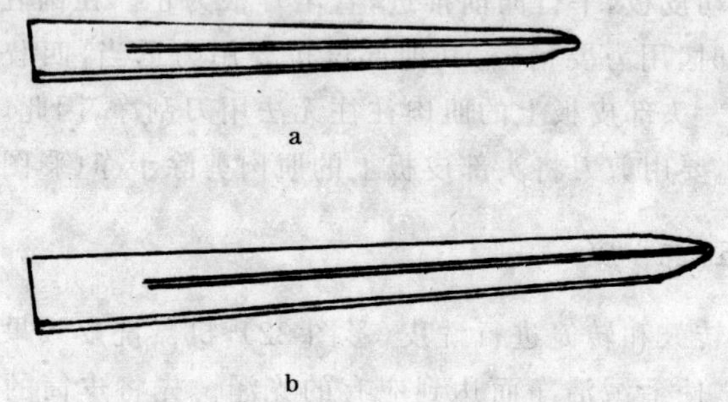

图 5-1 水貂皮楦板

a. 母皮楦板(板厚 1 厘米) b. 公皮楦板(板厚 1.1 厘米)

宽展平,使尾的长度缩短 2/3 或 1/2,摆正后以细网片压在尾上,用图钉或小钉固定。背面上好后,再翻上腹面,拉宽两后腿,铺平在楦板上,使腹面和臀部边缘平齐,两腿平直靠紧,盖上细网片,用小钉固定。最后把下唇折向外侧(彩图 33)。

(七)干 燥

将上好楦板的皮张送入干燥室,分层放置于风干机的皮架上,将皮张嘴部套入风干机的气嘴上,让空气通过皮张的里侧带走水分风干。生皮最适宜的干燥温度是 18℃～25℃,相对湿度 55%～65%,严禁在高温(>28℃)或强烈日光照射下进行干燥。在室温 20℃～25℃,每分钟每个气嘴喷入空气 0.29～0.36立方米条件下,24 小时左右水貂皮即可风干(彩图 34)。

小型场(户)可采取暖室自然干燥,在室温 18℃～25℃的条件下晾干。严禁室温过高,更不能暴热或暴烤,以防止毛峰弯曲或焖板脱毛。

（八）下　楦

干燥后的皮板要及时下楦，经梳毛、擦净，按商品要求分级包装。

二、水貂皮的分级和包装

水貂皮验质分级应该在灯光下进行。验质板上方70厘米处应设有4支40瓦的日光灯管，案板最好是浅蓝色。

（一）水貂皮的收购技术要求与等级规格

1. 技术要求　宰剥适当，去净油脂，去掉前爪掌将前腿放入腿筒内使毛面平整，按标准加工，风干成毛朝外的筒皮。

2. 等级规格

（1）一级皮　背腹部毛绒平齐、光亮、灵活，板质好、无伤残。

（2）二级皮　毛绒略空疏、光亮或具有一级皮质量，但带有下列伤残之一者：①毛色淡，鼻、耳、眼边缘带夏毛，两侧略显露绒；②咬伤、擦伤、小疮疤，但破洞面积不超过2平方厘米，或皮身有破口长度不超过2厘米；③流针飞绒（有针毛脱落流失，绒毛附着于针毛之上），有白毛针集中一处，面积不超过1平方厘米者，或撑拉过大者。

（3）等外皮　不符合一、二级皮规格的列为等外皮。

彩貂皮应具有本色型的特征，颜色纯正，色泽美观，全身无杂毛。等级标准同上。

水貂皮有等级比差、公母比差、尺码比差和颜色比差，根据这些比差，以质论价。

等级比差：一级皮为 100%，二级皮为 75%，等外皮在 50%以下，以质论价。

公母比差：公皮 100%，母皮 80%。

尺码比差：尺码规定系指统一楦板而言，若不符合统一楦板规格规定的，一律降级处理。

公皮： —59— 65—71 —77— 83—89— （厘米）皮长

↑ ↑ ↑ ↑ ↑ ↑ ↑

90% 100% 110% 120% 130% 140% 150%

国际尺码号： 3 2 1 0 00 000

母皮： — 47— 53—59 —65— 71— （厘米）皮长

↑ ↑ ↑ ↑ ↑ ↑

80% 100% 110% 120% 130% 140%

国际尺码号： 5 4 3 2 1

颜色比差：标准貂皮以褐色为 100%，褐色以上为 110%。

注：1. 缺尾不超过 50%，腹部正中垂直白绒毛宽不超过 0.5 厘米，公皮腹后裆（生殖器以下）秃针不超过 5 平方厘米；皮身有少数白散针，尾部板面和脚爪部略带有青灰色，均不按缺点论。

2. 受焖脱毛，开片皮，焦板皮，白底绒，灰白底绒，花色毛，塌脖、塌脊和毛峰勾曲较重者，毛绒空疏，按等外皮处理。无制裘价值不收。

3. 开裆不正，缺腿破耳，破鼻，不符合皮型标准的，刮油、洗皮不净，非季节皮，缠结毛等，酌情定级。

4. 彩貂皮也适用此规格，但要求毛色符合本色型标准，不带老毛，对不具备彩貂标准的所谓彩貂皮按次皮收购，对杂花色皮按等外皮收购。

（二）包　装

水貂皮按上述等级，分别归类，然后按类包装。以 20 张皮为一捆，打捆时应背对背，腹对腹叠好，用纸条把水貂皮头部缠好，装入包装箱内，并撒入适量防虫剂；在包装卡片上注明皮张类型、等级、尺码和皮张数，及时出售。

公水貂皮包装箱规格为 90 厘米×50 厘米×30 厘米，每箱可容纳 200～250 张；母水貂皮包装箱为 75 厘米×50 厘米×30 厘米，每箱可容纳 400～450 张。

如果水貂皮由于某种原因未能在短期内出售，需要贮存一段时间时，存放的仓库要通风透光，库温 5℃～25℃，相对湿度保持在 60％～65％，库内设有防潮设备。

入库前，要进行严格检查，如果发现湿皮，要及时晾晒，防止毛皮潮湿发霉。同种皮张必须按等级分别堆码。垛与垛(0.3 米)、垛与墙、垛与地面之间应保持一定距离(15 厘米)，人行道宽 1.7 米，以利于通风、散热、防潮和检查。每个垛位应放置适量的防虫、防鼠药物。灭鼠采用敌鼠钠盐效果较好。毒饵的配制：面粉 100 克，猪油 20 克，敌鼠钠盐 0.05～0.1 克，水适量。先将敌鼠钠盐用热水溶化后倒入面粉中，用油烙成饵饼，然后切成小块(2 平方厘米)放在鼠洞或鼠经常活动的地方，使其采食，吃完再补，直到不吃为止。一般 4～5 天后见效，此法能彻底灭鼠。

三、水貂皮的伤残和非季节皮特征

水貂皮的伤残按其形成的原因，可分为自然伤残和人为伤残。

(一)自然伤残

1. 疹皮　皮板上有疹痕，重疹皮板患处有紫红色或灰黑色疹痕。毛面有伤痂或刚长出的短毛。

2. 疮皮　皮板上有生疮的疮痕。轻疮皮皮板有皱纹形，也有牙印形，毛面无毛绒；重疮皮板呈凹凸形状或有较大的皱纹形状，毛绒脱落。

3. 缠结毛　轻者能梳开，不飞绒；重者毛绒基部或大块缠结，梳后绒毛空疏，损伤针毛。视轻重和面积的大小酌情定级。

4. 白毛　集中一处不超过1平方厘米，按乙级皮收购。有少数分散白针的不按缺陷论处。

5. 毛峰勾曲(勾针)　毛峰呈现勾形毛尖，勾曲较重者按等外皮处理。

6. 白底绒　底绒呈白色。白底绒的，按50%或50%以下论价；灰白底绒的降一级。

7. 缺针　摩擦毛针，形成1块缺毛峰的状态。根据磨折毛峰的面积大小酌情降级。

8. 秃裆　有尿湿症或笼舍潮湿，致使腹部、后裆部缺针毛，底绒也稀薄，超过5平方厘米时，视其面积大小酌情定级。

9. 塌脖、塌脊　颈部毛绒短稀，呈现出沟形；背脊部正中毛绒短稀，呈现凹陷。程度轻微的降一级。

10. 食毛伤　轻者将身上部分毛绒吃秃，重者将全身大部分毛绒吃秃，呈现一片片秃毛状态。秃毛不超过2平方厘米的按二级皮收购，超过的以质论价。

11. 夏毛　毛皮为一级皮质量，但眼、鼻周围稍带夏毛的，按二级皮收购。

(二)人为伤残

1. 刀伤破洞　如只有刀伤一处，破洞不超过0.5平方厘米的，不以缺点论。超过2平方厘米，则根据破洞大小以质论价。

2. 开裆不正　开裆时下刀不正，皮形不完整（后裆割偏），要酌情降级。

3. 脱针飞绒　刮油时，刮破皮板或因受焖损伤，毛囊遭到破坏，有飞绒。根据轻重以质论价。

4. 缺尾、缺腿、缺鼻　无尾的降一级；断尾不超过1/2的，不以缺点论；缺腿的降一级；缺鼻的按皮形不完整处理。毛绒空疏，按等外的50%或30%处理。

（三）非季节皮

除了冬皮（季节皮）以外都属于非季节皮。不同季节皮各有它的特点。

1. 早春皮　剥于配种期。毛色有所减退，灵活度降低，颈部皮板增厚并呈粉红色，应降一级；如毛绒品质或光泽很差，则降二级。

2. 晚春皮　剥于冬毛脱落于夏毛生长时。绒毛粘乱干枯，颜色和光泽很差，全身出现浮绒和脱针，皮板厚硬，色深黑。一般按等外皮的10%计价，脱毛严重的按2%计价。

3. 夏毛　毛绒空疏，毛色暗而无光，皮板灰白，无油性，毛绒品质最低。按等外皮2%计价。

4. 初秋皮　冬毛开始生长，夏毛尚未完全脱落，背部皮板增厚呈暗黑色。毛皮品质低劣，一般按等外皮2%～10%论价。

5. 晚秋皮　毛绒已接近成熟，色泽与冬毛相似，仅背、臀部皮板呈暗灰色。按等外皮30%～50%计价。

四、水貂毛皮的鞣制

毛皮鞣制的工艺流程，分为鞣制前准备、鞣制和鞣制后整理 3 个工段。

（一）鞣制前准备

鞣制前准备包括分路、浸水、脱脂、酶软化和浸酸等工序。

1. 分路　即使是同一级的貂皮，也有面积大小、皮板厚薄、毛绒长短、粗细、颜色、油脂含量、脱水程度和新旧等差别。根据这些不同情况，生产前应对原料皮进行挑选和分类，即为分路。把相近的原料皮组成生产批量，使之得到较均匀的处理。

2. 浸水　浸水的目的是使原料皮充水，使生皮恢复或接近鲜皮状态；另外，浸水可初步除去毛被和皮板上的污物及防腐剂，并溶解生皮中的可溶性蛋白质。浸水所用的水量通常用“液体系数”（又称液比）来表示（彩图 37）。

液体系数（液比）＝操作液容积（升）/皮的重量（千克）

一般在划槽中浸水，液比为 15（以干皮重计）。水温控制在 18℃～22℃。现代毛皮生产中广泛采用快速浸水法，即提高浸水温度（30℃～35℃），加防腐剂。为了加速生皮浸水，缩短浸水时间，相对减少皮质的损失和抑制细菌的作用，常在浸水时加一定量的助剂。可作为浸水助剂的有酸性助剂和盐类助剂、表面活性剂、酶制剂等物质。通常鲜皮浸水 6～8 小时，干皮浸水 12～20 小时。浸水的程度要达到皮板适度柔软，基本恢复鲜皮状态。浸水期间每间隔 2 小时将皮板划动 10～15 分钟。质量要求皮板回鲜，不得有腐烂、脱毛现象。

3. 脱脂　脱脂的目的是除去皮板及毛被上的油脂，使之达到规定的要求，以便均匀地吸收化学鞣剂，提高质量。其方法有机械脱脂法、乳化法、酶化法和溶剂法等，常用前两种。一般与其他方法结合起来使用，效果更为明显。脱脂温度控制在30℃～35℃，时间一般控制在16～20小时。

4. 酶软化　酶软化的主要目的是进一步溶解纤维间质，使皮柔软，呈现多孔性，以利于鞣剂分子均匀渗透与结合；部分分解皮内油脂，改变弹性纤维、网状纤维的性质，使皮有一定的可塑性；进一步改变胶原纤维的结构，适度松散纤维，使成品有一定的弹性、透气性和柔软性。软化的实质就是在酶的催化作用下，对胶原蛋白质进行水解反应，提高出材率，减轻重量。目前毛皮生产中广泛采用人造酶制剂，如1398蛋白酶、3942蛋白酶等。在软化操作中的温度一般控制在40℃以下。软化程度以感观检验为主，感到皮板松软，纵横伸长的性能增加，用拇指轻推后肷部位，毛有轻微脱落现象时已达到要求。软化时间一般在1～1.5小时。

5. 浸酸　用酸和盐的溶液处理毛皮的操作叫浸酸。一般在脱脂软化后、鞣制前进行。浸酸的目的是降低毛皮的pH值，改变皮表面电荷，以利于铬鞣或铝鞣；松散胶原纤维，提高成品的柔软性和延伸性，终止酶软化后酶的继续作用。用于毛皮浸酸的酸有无机酸和有机酸。使用有机酸，皮板吸收酸缓慢，溶液的pH值稳定，而且具有缓冲作用。所得成品柔软丰满，出材率高，毛被有光泽。但由于有机酸价格高，仅限于珍贵毛皮使用。水温掌握在30℃～35℃，时间通常为18～22小时。

(二)鞣　制

目前毛皮生产中常用的鞣剂是碱式铬盐、碱式铝盐和甲醛。鞣制时采用何种方法，施用何种鞣剂，应视原料皮的种类和特点而定。鞣剂主要包括无机鞣剂和有机鞣剂两大类。无机鞣剂包括三价铬、铝和铁的碱式盐，有机鞣剂主要有植物鞣剂、甲醛等。新型合成鞣剂的使用也越来越广泛。

1. 铬鞣　常用的铬鞣剂为商品铬盐精，有效成分是碱式硫酸铬，铬含量以三氧化二铬(Cr_2O_3)计算占20%～25%。用它鞣制成的皮耐水洗、耐贮存和耐湿热等。

2. 铝鞣　铝鞣皮的特点为色白、柔软、延伸性好、耐高温、不耐水。遇水或在水中洗涤时，就会将鞣剂洗去，造成脱鞣，干后变硬。常用的铝盐主要有铝明矾、硫酸铝及氯化铝等。由于铝明矾的溶解性好，所以常用。

3. 甲醛鞣　甲醛是有机鞣剂中使用量较大的一种鞣剂，其与皮的结合与无机铝鞣剂有很大差异。因此，甲醛鞣的控制条件需要单独掌握。

4. 铝-铬结合鞣　采用此法鞣制的成品，皮板柔软洁白，延伸性较好。

(三)鞣制后整理

毛皮经过鞣制后，虽已具备使用价值，但还有一些缺陷，如皮板不够柔软、鲜艳，有的毛色较差，毛被不灵活，缺乏光泽等。解决这些缺陷，由鞣制后整理工序来完成。

1. 染色　是毛皮整饰阶段中很重要的一道工序，但也并不是所有的毛皮都要染色。水貂皮天然色泽美观，不需要染色。对那些天然色泽不为人们喜爱而需要通过染色、模拟加以改善与美化的毛皮可以染色。

2. 毛皮加脂(油) 若将鞣制后的毛皮直接干燥,则皮板变硬,不耐弯折,缺乏柔软性。为了防止这种现象的发生,就需要加脂。油脂作为一种润滑剂,渗入皮板内,散流于皮纤维之间,将皮胶原纤维包埋起来,促进皮胶原纤维的相互滑动,增加皮板的柔韧程度,皮板的抗张强度有所提高,延伸率也增大,透气性降低,耐水性增加(彩图 37)。

3. 毛皮的干燥和整理 主要工序有干燥、回潮、滚软、磨里、皮板脱脂、漂洗、梳毛、除尘、整修、量尺和验收等。通过整理使皮板达到轻、软,毛被松散、灵活、光亮、清洁、无钩毛、无流沙。

(四)水貂皮的裁制工艺

水貂皮的深加工包括生皮的深加工和裘皮服装的深加工。后者既要求做工精细,毛绒颜色一致均匀,又要求款式新颖。

水貂皮裁制工艺程序主要包括制样、配制、裁制、缝制、钉皮定形和裘装上里等六大工序。

1. 制样 裘皮制品的加工应根据市场的款式和裘皮服装款式变化的趋势而设计。初样确定后经复审,看式样是否合理,能否实施等,然后根据裘皮的不同特点和款式要求决定生产工艺,进行加工。

2. 配制 根据纸样的要求,将同一类裘皮按毛色、毛长、花纹等分档归类(彩图 38),为配料打下基础。选料时应准确地确定使用量,以不浪费原料皮为原则。制作一件女式裘皮大衣或上衣所需要的 2 号公貂皮分别为 30～35 张和 25～30 张,母貂皮分别为 45～55 张和 36～38 张。首先将不适于配制的皮挑出另存，对剪下能用的皮，可选入或留作添料使用。选料时要求针毛齐全，颜色一致，大小相称，不能相差太悬殊（彩图 38）。在选料的基础上，将毛型、毛色更加接近的皮配搭成一件件大衣料。配料要求准确掌握出皮率和计算用料的多少。1 张水貂原料皮面积平均为 1 120 平方厘米，袭皮面积为 1 140平方厘米，增加率约 1.8%。配料时要对毛质、颜色、分布、上下排衔接、左右边毛、四周边缘和中皮相谜进行仔细审核，并把每张皮的位置标写清楚。在每张皮上注明前后身、领和袖、上下摆、左右靠等标记，然后按顺序叠好。

3. 裁制　在裁制前，对袭皮上所带的破洞、局部秃板等缺陷，要进行整修工作。然后，进行皮形平整，使其达到应有的长度和宽度，然后将形状固定。裁料前进行校配，校配的准则是：定质、定位、定形。主要检查袭皮是否够用，主次部位的搭配是否合理，配制工序的质量是否符合标准等。通过串刀可将 1 张长度不够的皮，通过计算均匀地分割放长缝合后，使之达到所需要的长度。机器串刀割出宽窄一致的皮条，为缝皮提供方便。串刀时的刀数，可根据皮条宽度和放刀距离来计算。公貂皮 50～60 刀，母貂皮 65～70 刀。然后裁制。裁制包括裁料和连接等工序，裁料的准则是刀锋、剪锐、尺寸准。要裁得四边平直，毛峰长短虚实一致，板毛分清，长宽、弯角尺度准确。毛皮之间的缝接应根据皮张的不同特点而采用不同的连接方法。水貂皮上下用人字形或锯齿形连接，左右均采用直接连接。

4. 缝制　毛皮缝制采用特制专用缝皮机。缝皮要求缝线平齐，缝口无裸毛。拼条、拼只缝合时，达到条与条之间和上下三部分的毛色、毛型及长短协调一致。接缝宽度要符合要求，针号、线号使用合理。接缝宽度为 0.4 厘米左右。

5. 钉皮定形　裘皮裁制成成品后都要经过钉皮定形，使拼缝的衣片与式样完全一致，皮板和缝线平整，缝合后衣片需喷水，待皮纤维吸水回软后即可上板定形。钉皮要求排缝整齐，脊背对直，皮板和边缘均匀平整，尺码准足。钉好的皮片及时干燥（九成干），然后放在阴凉处。定形后的衣片需进行修补、溜毛、旋边、除灰、顺毛、顺色、压板及剪线等工序。

6. 裘装上里　上里包括辅料、缝衬、装配和上夹里。上里要求做到针距齐，走线直，衬料平。

最后要求对裘皮服装进行一次全面检查，看领、肩、袖上得是否正，夹里是否平整，缝线是否均匀，有无跳针、漏针之处，毛面是否有线缝和线头露出。当质量完全达到标准要求时，即为成品出厂（彩图39）。

五、水貂副产品的开发利用

水貂的副产品主要有皮下脂肪、貂肉、貂心、貂鞭、貂血、貂肝、貂胆、貂脑及貂粪等。近年来，对水貂副产品的综合利用研究有一定进展，有一些以水貂副产品为原料的新产品问世，但仍处于初试阶段。其潜力很大，有深入开发的前景。

（一）皮下脂肪

每年屠宰水貂取皮时，可获得大量的皮下脂肪。1只公貂可获得650～700克脂肪，约占体重的32%。经皂化、脱臊、脱腥和脱色后精制而成的貂油，可用于高级化妆品及治疗皮肤病药物的原料。

水貂油脂浸透性很强，易乳化，含有多价不饱和脂肪酸。在常温下比较稳定，溶点低，无粘附性，无毒、无臭，没有刺激性。油脂在组成上接近人体脂肪，这一点在化妆品及医药品的应用上很有价值。

油表面张力的高低表现在浸透性和扩散性。水貂油的表面张力为 34.9，豆油为 37.5，牛蹄油 36.7，可见水貂油脂与其他动植物油脂相比，表面张力较低。在雪花膏、洗发剂等化妆品中添加水貂油脂，能够在皮肤或头发的表面上留下一层薄膜，不仅使皮肤柔软，而且可使头发具有光泽。

据报道，水貂油脂对湿疹、头皮屑的治疗及预防都有效果，特别对干燥鳞状的皮肤炎治疗效果更为明显。

（二）貂　肉

水貂肉肉质细嫩，营养丰富，含蛋白质 18%，脂肪 12%，灰分 5%，每 100 克含热量为 794.96 千焦，属于高蛋白低脂肪的肉类。1 只公貂取皮后酮体的重量约占活体的 43%（0.8 千克），母貂占体重的 46%（0.4 千克），出肉率为 44%左右，可作为“野味”烹调食用。水貂肉还有滋补强壮、治疗贫血的功效。酮体可作为捕海螺的诱饵，利用时间长，效果好。

（三）貂心、貂肝、貂鞭

公貂的肝重（包括胆囊）55.3 克，母貂为 35.3 克；公、母貂的心脏分别为 12 克和 7.5 克。取皮 100 只貂，可获得 0.75～1.2千克的貂心和 3.5～5.5 千克的貂肝。

以貂心为主药配合其他中药制成的利心丸，能治风湿性心脏病和心力衰竭。据报道，每千克貂心中含有细胞 C 134.82毫克，三磷酸腺苷（ATP）钠盐 968 毫克。貂肝治夜盲症有效，貂鞭能壮阳，对阳痿有一定疗效。

另外，貂粪是高效优质有机肥料，并有一定的灭虫作用。

以貂粪作基肥或追肥时，农作物可显著增产，尤其是对小麦和谷子效果更为明显。1 只成年貂 1 年积粪大约 28 千克，厩肥 280 千克。

貂血、貂胆、貂脑和肛门腺体（臊腺）等产品，也有研究开发的价值。

第六章　水貂场的规划与建设

一、场址选择

场址的选择是一项科学性和技术性较强的工作。场址的合理与否，直接影响到将来的生产发展。因此在建场前，必须根据建场总体规划的要求，认真进行全面勘察和合理布局，切不可草率定点建场或主观行事，这会给生产带来麻烦，造成不应有的损失。

场址的选择，应以自然环境条件适合于水貂生物学特性为宗旨，并以稳定的饲料来源为基础，根据生产规模及发展远景规划，全面考虑其布局。重点应考虑饲料、水和防疫条件，同时也要兼顾交通、电等其他条件。貂场用水量很大，因此，场地应选在地上或地下水源充足和水质好的地方。水貂饮用水最好采用深井水或泉水。湖水、死水池塘的水容易被污染，不宜供饮用。饲养场尽量不占耕地，最好利用贫瘠土地或非耕地。用地面积应与貂群数量及今后发展需要相适应。土质以沙土、砂壤土为宜。

貂舍要建在地势较高，地面干燥，背风向阳的地方。低洼泥泞，不利排出污水的沼泽地带，常有云雾弥漫和风沙侵袭严重的地区，不宜建场。

由于水貂的繁殖和换毛与光周期密切相关，而光周期的变化幅度又和地理纬度相关。因此，在建场时必须考虑当地的纬度。从历年的生产情况看，我国北纬30°以南地区不适宜发展水貂饲养业。因为在低纬度地区饲养时，其繁殖机能将受到抑制，生产性能和毛皮质量也会逐年下降。

二、场地规划与布局

场址选好后，动工建场前应对貂场各部分建筑进行全面规划和设计，使场内各种建筑布局合理。

水貂场一般分为三个功能区：即生产区（包括貂棚、饲料贮藏室、饲料加工室等建筑物）、管理区（包括与经营管理有关的建筑物、职工生活福利建筑物与设备等）和疫病防治管理区（包括兽医室、隔离舍等）。

依据地势和主风向进行合理分区。职工生活区（居民点）应占全场上风和地势较高的地段；其次为管理区；生产区设在这些区的下风和较低处，但高于疫病防治管理区，并在其上风向。生产区与生活、管理区保持100米距离，生产区与疫病管理区保持200米距离。生活区、管理区的生活污水，不得流入生产区。

（一）管理区

水貂场的经营管理活动与社会联系极为密切。因此，在规划时，这个区位置的确定，应有效利用原有的道路和输电线路，充分考虑饲料和其他生产资料的供应，产品的销售以及与居民点的联系。貂场的供产销运输与社会联系频繁，造成疫病传播的机会较多，故场外运输应严格与场内运输分开。在场外管理的运输车辆严禁进入生产区，车库应设在管理区。除饲料库以外，其他仓库需设在管理区。管理区与生产区应加以隔离。外来人员只能在管理区活动，不能进入生产区。

（二）生产区

是全场的工作重心，规模大的可分区规划与施工。为保证防疫安全，应将种貂和皮貂分开，设在不同地段，分区饲养管理。

与饲料有关的建筑物，应配置在地势较高处，并且应保证卫生与安全。貂场的垫草用量大，堆放位置设在生产区的下风向，要考虑防火的安全性，与其他建筑物有 60 米的距离。

贮粪场的设置，应方便于貂粪运出，注意减少对环境污染。

（三）疫病防治管理区

为防止疫病传播，该区应设在生产区的下风与地势较低处，与棚舍保持 300 米的距离。病貂隔离舍应单独设置院墙、通道和出入口。该区的污水与废弃物应严格处理，防止疫病蔓延和对环境的污染。

三、貂场的主要建筑和设备

养貂场的主要建筑和设备包括棚舍、貂笼和小室（窝箱）、饲料贮藏室、饲料加工室、毛皮加工室、兽医室、化验室等。

(一)貂　棚

貂棚是安放水貂笼箱的简易建筑,有遮挡雨雪及防止烈日暴晒的作用。结构简单,只需棚柱、棚梁和棚顶,不需建造四壁。貂棚可用石棉瓦、钢筋、水泥、木材等作材料。修建时根据当地情况,就地取材,灵活设计。总之,要使棚舍既符合水貂的生物学特性,又坚固耐用,操作方便。

水貂棚舍的规格,通常棚长 25～50 米,棚宽 3.5～4 米,棚间距 3.5～4 米,棚檐高 1.4～1.7 米,要求日光不直射貂笼(图 6-1,图 6-2 和彩图 40,彩图 41,彩图 42)。

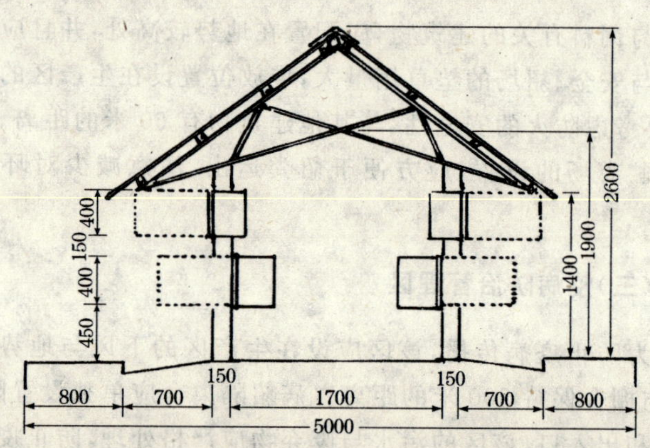

图 6-1　金州貂场棚舍　(单位:毫米)

水貂棚舍一般均为高窄式,内置两排貂笼。也可适当增加跨度,达 8 米左右,为种貂与皮貂合用棚舍(两边养种貂,中间养皮貂),见图 6-3,可提高棚舍利用率。

(二)貂笼和小室

貂笼和小室是水貂活动、采食、排便、交配、产仔和哺乳的

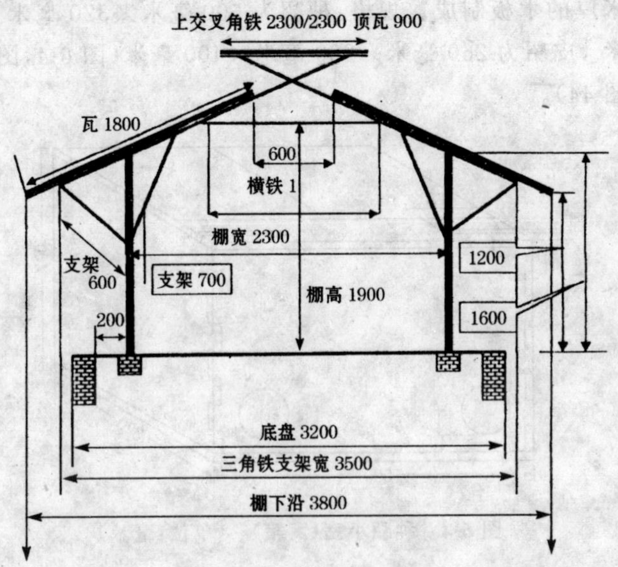

图 6-2　风沙较大的地区棚舍示意图　（单位:毫米）

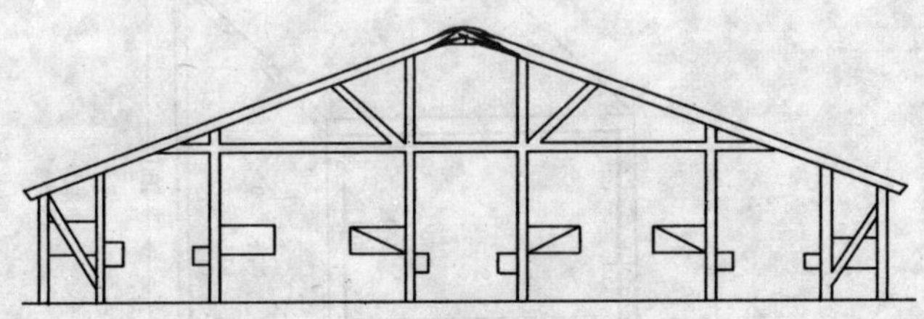

图 6-3　种貂与皮貂合用棚舍

场所，多用电焊网编制笼子，坚固耐用，而且美观。

1. 貂笼和小室的规格　种貂笼的长宽高(下同)为 600 毫米×450 毫米×400 毫米，皮貂笼为 600 毫米×350 毫米×400 毫米。

小室(窝箱)是水貂休息和产仔、哺乳的地方，以 15～20

毫米厚的木板制成。规格：种貂为500毫米×320毫米×400毫米，皮貂为260毫米×260毫米×400毫米（图6-4，图6-5，彩图44）。

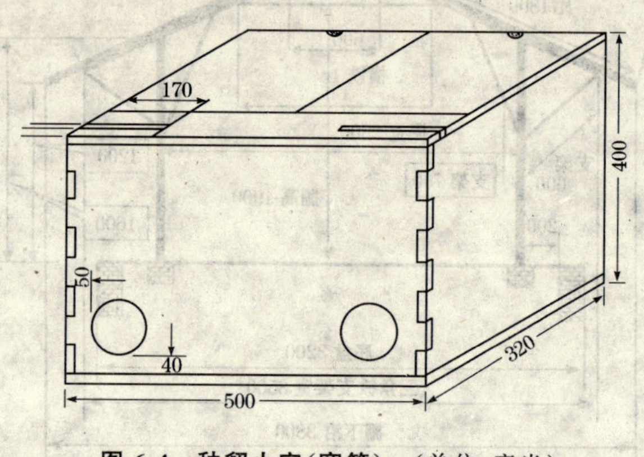

图6-4　种貂小室（窝箱）　（单位：毫米）

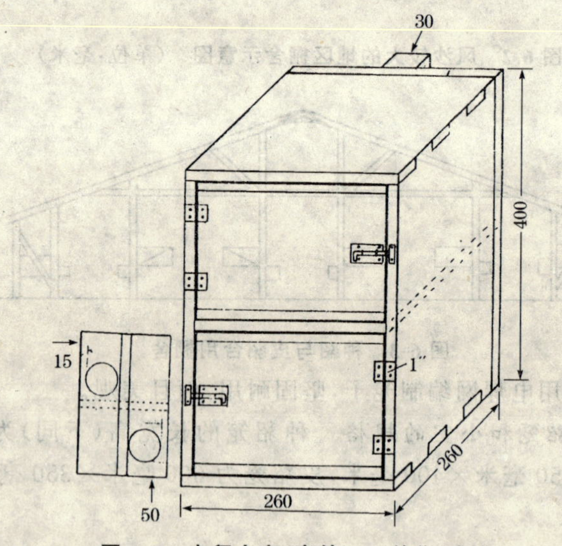

图6-5　皮貂小室（窝箱）（单位：毫米）

水貂的笼箱有许多规格和样式。带有活动隔板式的笼箱，是在小室内有一块可以装卸的隔板。非繁殖期装上隔板，将小室分为相等的两小间，每小间设有一圆形出入口（直径 10～12 厘米），同时配备两个貂笼，可供饲养 2 只水貂。繁殖期（妊娠、产仔哺乳期）取下隔板，使之变成一间，一室两笼养 1 只母貂。种貂的窝箱的出入口要离箱底高一些（50～100 毫米），必须安装插板口，以便于配种和产仔检查时使用。

2. *貂笼的安置*　一般要求离地面 40 厘米以上，笼与笼的间距为 5～10 厘米，以免相互咬伤。笼门应灵活，在貂笼和窝箱内切勿露出钉头或铁丝头，以防损伤毛皮。无自动饮水装置的地方，笼内要备有饮水盒，并固定在笼内侧壁上。为避免水貂拱翻食盒，应在笼门里边做一食盒固定架。

（三）饲料加工室

饲料加工室是冲洗、蒸煮和调制饲料的地方，室内应具备洗涤饲料、熟制饲料的设备或器具，包括洗涤机、绞肉机、蒸煮罐等。室内地面及四周墙壁，须用水泥抹光（或铺、贴瓷砖），并设下水道，以便于洗刷、清扫和排除污水，保持清洁。

（四）饲料贮藏室

饲料贮藏室包括干饲料仓库和冷冻库。干饲料室要求阴凉、干燥、通风，无鼠虫为害。冷冻库主要用来贮藏鲜动物性饲料，库温控制在－15°以下（彩图 45）。小型场或专业户，可在背风阴凉处修建简易冷藏室或购置低温冰柜。

（五）毛皮加工室

毛皮加工室是用于剥取貂皮并进行初步加工。加工室内设有剥皮台、刮油机、洗皮转鼓和转笼等。毛皮烘干应置于专门的烘干室内，室内温度控制在20℃～25℃。

毛皮加工室旁还应建毛皮验质室。室内设验质案板，案板表面刷成浅蓝色，案板上部距板案面70厘米高处，安装4只40瓦的日光灯管，门和窗户备有门帘和窗帘，供检验皮张时遮挡自然光线用。

（六）兽医室和综合化验室

兽医室负责貂场的卫生防疫和疫病诊断治疗；综合化验室负责饲料的质量鉴定、毒物分析，并结合生产开展有关科研活动。

北方地区还修建菜窖，贮藏蔬菜。

在貂场大门及各区域入口处，应设相关的消毒设施，如车辆消毒池、人的脚踏消毒槽或喷雾消毒室、更衣换鞋间等。

貂棚四周修建围墙，墙高1.7～1.9米。

四、金州水貂场规划建设的布局及其利弊分析

金州水貂场规划建设以其海岸的自然环境而布局，现以生产管理区为中心，附设南、东、北3个饲养场区（彩图46，彩图47，彩图48）。饲料加工室一处，位于离场部最近的南场院内，负责全场的饲料调制加工，以保证加工质量，也减少能源的消耗和浪费。场部附设的研究所离南场较近，也便于开展科研活动和指导现场生产。东、北两场设有混合饲料搅拌和分发室，便于将南场已调制好的饲料及时分发到各饲养队。各场均设有兽医室、精液品质检查室和毛皮初加工室。这种集中和分散相结合的布局，节省了一笔可观的能源费用的开支，提高了

整体管理效率。

金州水貂场受场区自然环境的限制，规划中也有一些不合理的问题。如南场距海岸太近，排水受到了海浪潮汐的影响，棚舍走向也被迫采取南北方位，不利于水貂防暑。

第七章　水貂的疫病防治

一、水貂的卫生防疫原则和要求

（一）全员重视，责任到人

水貂的卫生防疫，是涉及水貂种群健康及其生产性能发挥的关键问题。必须全员重视，责任到人。金州水貂场委派高级畜牧兽医师负责全场的卫生防疫工作，经常性地宣传、指导、检查卫生防疫工作，督促队、班和饲养人员逐项落实卫生防疫制度。

（二）预防为主，防重于治

俗话说“家财万贯，带毛的不算”。就是说人工饲养的动物一旦暴发疾病，尤其是传染病，会给饲养场造成严重损失。因此，卫生防疫工作必须贯彻“以防为主，防重于治”的原则，即通过卫生防疫的具体措施，严防疾病的发生，或将某些疾病消灭在萌芽中，减少其暴发流行的严重损失，千万不能掉以轻心。

（三）加强日常管理，坚持定期消毒

卫生防疫工作应注重日常的饲养管理，通过日常的精心饲养管理，提高水貂的抗病力。在疾病易发、常发的关键时期，则应加强现场消毒、疫苗接种等卫生防疫工作，杜绝疾病的发生。

如发现疫情，应从速诊断，严格按照传染病防治程序从严管理。

二、水貂的卫生防疫技术规程

（一）预防接种

1. *犬瘟热疫苗*　每年仔貂分窝后 15～20 天期间，分批接种犬瘟热疫苗，剂量 1 毫升（中国农业科学院特产研究所生产）；种貂于 7 月上旬接种，剂量同幼貂；年终留种的幼貂和老种貂，均于翌年 1 月上旬再接种 1 次，剂量同前，均采用皮下注射。

2. *病毒性肠炎疫苗*　接种时间和剂量同犬瘟热疫苗，但接种途径为肌内注射。切忌皮下注射，以免注射部位发生溃烂现象。

3. *阿留申病疫苗*　于 7 月份对预选种幼貂进行水貂阿留申病检疫（方法见本书 120 页）。检疫结果为阴性者及时接种阿留申病疫苗，剂量 1 毫升，注射途径为皮下注射；检疫结果为阳性者淘汰为皮貂，养至年终时取皮。

(二)消　毒

消毒的目的是消除散布在外界环境中的病原体，以预防和控制传染病的发生和蔓延。水貂场应经常做好以下各项消毒工作。

1. 外来客人的入场消毒　外来客人参观应到指定参观区内，原则上谢绝到生产区内参观。参观区和生产区门口均设有消毒槽，槽中常年存有1∶200倍浓度菌毒敌消毒液，以便进行鞋底消毒。有必要入场区参观或考察者，还应穿着备用的衣服和更换胶鞋入场。

2. 饲料加工及饲喂用具的消毒　每天用清水冲洗干净，然后用5%碳酸钠溶液浸泡30分钟，然后用清水洗净。

3. 食盆、水槽的消毒　食盆在春、夏、秋3季每天刷洗1次，和槽(水盒)每周刷洗一次。每周用5%碳酸钠溶液消毒1次，每次30分钟，再用清水洗后使用(彩图49)。

4. 场地及笼舍的消毒　每年在配种前、产仔前和取皮后，进行3次全场性预防消毒。场地清扫后，用1∶200倍的菌毒敌喷雾消毒，笼舍用火焰消毒。

5. 死尸和剖检场地的消毒　死亡的貂尸和仔貂应在专用的剖检室内剖检，剖检后在焚尸炉内焚烧处理。剖检室场地和用具每次使用后，彻底清扫消毒，污物用柴油焚烧深埋，场地用1∶100倍的菌毒敌彻底喷洒消毒。

(三)检疫与检验

检疫与检验是水貂饲养场常规卫生制度之一，对发现和控制水貂疫病有重要作用。为此，应做好如下工作。

1. 引进种貂的检疫　新引进的种貂，都应在隔离场饲养观察 15～30 天，经必要的血清学检查和临床检查，同时应用左旋咪唑药物驱除体内寄生虫，每头剂量为 2 毫克，确实无病后方可混群饲养。从国外进口水貂，要求输出种貂的饲养场，在 1 年内没有发生过水貂病毒性肠炎、伪狂犬病、水貂阿留申病、犬瘟热病及 C 型肉毒梭菌病。输出的水貂应接种犬瘟热和病毒性肠炎疫苗，并在检疫证书上注明接种日期、接种剂量、疫苗免疫期和疫苗生产厂商。运输当中所有的饲料、垫草应来自非传染病地区，并符合兽医卫生条件要求。

2. **阿留申病检验**　采用对流免疫电泳（CIEP）方法进行准确检验。每年 10 月份对预留种幼貂趾尖采血，自然沉淀或离心分离出血清后检查。操作程序如下。

（1）巴比妥钠缓冲液的配制

巴比妥钠：　10.3 克；

巴比妥：　1.84 克；

蒸馏水：　1 000 毫升。

按顺序加入，待充分溶解后备用。

（2）采被检貂血　用剪刀剪掉水貂后肢某趾爪尖（在接近红晕处剪掉），以毛细玻璃吸管吸取流出的血液，管底用玻璃腻子（注意腻子的硬度要适当）堵上，放在温暖、光照充足的室内自然沉淀 3～4 小时，也可用水平离心机或斜角式离心机，离心 3～5 分钟（1 000 转/分）分离血清。

（3）琼脂糖凝胶板的制备　将特制的槽式塑料板或 3 毫米厚的玻璃板（9 厘米×10 厘米）水平放置，用吸管吸取已加热溶化，并冷至 70℃左右的琼脂糖，置于塑料板槽或玻璃板上，琼脂糖最大铺板量以不流出为宜（形成约 3 毫米厚的 1 层）。铺好的琼脂板最好贮存在湿润的容器里，经 4 小时以上再使用。琼脂内加 0.03％叠氮钠（NaN_3），可增加保存时间。

(4)打孔　以兽用的大号采血针头，制成直径3毫米的打孔器。上端连接细胶管和胶球。将凝胶板放在打孔模纸样上打孔，并吸出孔穴内的凝胶片，每孔直径为3毫米，孔距为5毫米。

(5)加样　在血清与血块交界处，折断被检血样的毛细玻璃管。将毛细管内的血清滴入靠阳极的孔穴内，滴满但不要溢出。靠阴极孔加入已知的抗原。

(6)电泳　以普通电泳仪，调整电压至90～100伏，电泳槽内充满巴比妥钠缓冲液，把待检血清凝胶板平放于电泳槽架上，以双层滤纸(或纱布)搭桥。接通电源，经30～60分钟出现沉淀线(用2%食盐溶液浸泡电泳槽的琼脂板15～18小时或置4℃冰箱过夜，可使沉淀更加清楚)。

(7)判定结果　一般每块反应板都应设阴、阳对照，才能使试验成立(彩图50)。

①阳性：已知抗原孔与被检血清孔之间，出现直而清晰的白色沉淀线为阳性。纤细的沉淀线为弱阳性。由于缓冲液Pht琼脂糖品质的影响，有时出现弯曲的沉淀线也判为阳性。

②阴性：没有沉淀线为阴性。

3. 饲料品质检验　每批饲料进场，首先用感观检查，饲料应无腐败变质、无异味，确实质量新鲜时方可入库。发现有可疑饲料时，要抽样做细菌学检查，主要检查大肠肝菌、肉毒梭菌毒素、巴氏杆菌和沙门氏菌。若饲料中含菌数量超过兽医卫生规定的标准，即不能用作饲料。兽医技术人员要经常测量存放粮食、蔬菜和肉食饲料场地(冷库)的温度和湿度，并观察库存物质质量情况。如发现有可疑被农药等有毒物质污染时，要抽样送当地药品监察所化验，并作出有毒物质性质及含量的化验结果，以判定饲料是否能饲喂。

(四)卫生要求

1. 饲料卫生　绝对禁止从疫区采购饲料。每进一批饲料,采集不同样品抽检。如怀疑受犬瘟热病毒、伪狂犬病病毒、鼻疽、炭疽、结核、巴氏杆菌、布鲁氏菌等病菌污染的饲料,应作安全处理,煮沸消毒改作它用或焚烧深埋。若经检查确实没有污染的饲料可入库。

存放饲料场地要地势高燥,通风排水良好,并经常灭蝇灭鼠。饲料库和冷库设有专人保管,饲料出入库要做好记录档案,门窗要严密,保安措施要配套。饲料库和冷库每年要定期消毒。

肉、鱼饲料加工前要先清除杂质,如泥、沙、变质的脂肪和毒鱼,然后用清水充分冲洗,方可加工搅拌饲用。

2. 饮水卫生　定期对饮水进行卫生检查,貂饮用水的标准必须符合人饮用水的卫生要求。对饮水用具及饮水盒定期消毒,每周用5%碳酸钠浸泡30分钟,清洗后再用。夏季隔两天清洗消毒1次。

3. 笼舍及场地卫生　每天清除笼子和小室内的污物。每15天用1∶200倍菌毒敌消毒1次,春秋两季用火焰喷灯消毒1次;场地尤其夏季每天用海水刷1次,两天清除1次粪尿,每周用浓度为4%的敌百虫喷雾灭蛆灭蝇1次,每周对场地作预防性药物消毒1次,消毒药为1∶300倍的菌毒敌。

4. 饲料加工室及喂饲用具的卫生　每天加工饲料后,所有的机械设备和地面要冲洗干净,夏秋季节每周用0.1%的高锰酸钾喷雾,再用清水清洗干净。整个车间地面、设备及喂饲用具每2天用1∶300倍的菌毒敌消毒1次。喂饲用具1天清洗两次,做到干净无污物,必要时煮沸消毒。

5. 垫草的卫生　不要从疫区购买垫草，垫草要新鲜无霉变，有生霉腐烂的都不能用。特别要注意在雨季的保管，防止雨淋和霉变。

（五）扑灭传染病的措施

第一，发现疫情要及时作出正确诊断并立即上报主管部门。

第二，对貂群要进行严格检查，并按假定健康群和病貂群隔离饲养。对假定健康群进行预防性投药，对病貂群进行积极治疗，使经济损失控制到最小程度。

第三，必要时对场区实行封锁，禁止水貂调进或调出，停止称重、分窝和编号等畜牧措施。

第四，严格处理尸体、污染物和粪便。不准随地剖检尸体，对死亡动物尸体和污物应作焚烧和深埋处理，粪便送指定地点堆放，经无害处理后使用。

第五，当最后1只貂发病死亡后，经15天不再出现该疫病发生和死亡时，方可宣布解除封锁。

三、水貂常见疾病防治

（一）水貂主要传染病

犬瘟热

本病是由副粘病毒科麻疹病毒属犬瘟热病毒引起的急性、热性、高度接触性传染病。除犬患本病外，多种食肉经济动物和观赏动物都可感染。其主要特点为双峰型发热、粘膜炎，也常发生卡他性肺炎、皮肤湿疹和神经症状。幼龄动物易感，具有较高的发病死亡率，素有“貂瘟”之称。

【病　原】 犬瘟热病毒，属副粘病毒科，麻疹病毒属（又称麻疹犬瘟热群）。该病毒对低温干燥有较强的抵抗力。本病毒存活于病兽的鼻液、唾液、眼分泌物、血液、脑脊髓液、脑、淋巴结、肝、脾、心包液和胸腹水、尿液中，并可检测到病毒。

本病毒没有型的差别。各种动物的犬瘟热病毒，均可相互感染。例如狗的犬瘟热可以引起貉、水貂、狐的犬瘟热；反之，这些动物的犬瘟热，也可传染给狗或他种易感动物。

【流行病学】 犬瘟热病的自然疫源是犬，自然条件下犬科动物（狗、狐、貉），鼬科动物（雪貂、水貂、白鼬、伶鼬、南美鼬鼠、黄鼬、水獭、紫貂、艾鼬等），浣熊科中的浣熊、密熊、白鼻熊，猫科的孟加拉虎、大熊猫、小熊猫等都可感染。

病犬是最危险的疫源，通过眼、鼻分泌物、唾液、尿和粪便排出病毒，污染饲料、水源和用具等经消化道传染。也可通过飞沫、空气经呼吸道传染。还可通过阴道分泌物传染。

我国发生犬瘟热病的水貂场，多数是由于病犬窜入场内而引起的，也有因垫草和工具被污染而传染。在我国沿海地区常因病黄鼬窜入养貂场内而得本病，并通过接触和饲养工具传染。如：食盆、水槽的串换，配种期种貂的调换或公母貂频繁接触，防疫不当或不遵守兽医卫生规则等，都能使本病传播。

犬瘟热病没有明显的季节性，一年四季均可发生。病的经过和轻重程度，取决于水貂的饲养管理水平和机体的抗病能力、病原体的毒力和数量及其防疫措施等。

本病一般发生于春天，非配种期病势进展的比较慢。因为此期动物都是成龄水貂，对此病有一定的抵抗力。进入配种期，由于种貂窜出窜入，人为地增加了传染的几率，致使病势抬头。公貂配种能力下降，母貂大批空怀、死胎、烂胎。断乳分窝以后，病势进入高潮，幼貂发病、死亡率高达 50%～80%。

多数研究者证明，带毒病貂其带毒期不少于 5～6 个月。

【临床症状】 自然感染潜伏期 7～14 天。临床上根据病程分为最急性型、急性型、慢性型和顿挫型。

最急性型：常发生于病的初期或后期，突然发病，看不到前驱症状。病貂表现癫痫性发作，口咬笼网发出刺耳的“吱吱”叫声，抽搐，口吐白沫，反复发作几次而死。凡是有神经症状的病貂，很少幸免，都以死亡而告终。

急性型：病初似感冒样，眼有泪，鼻流水，体温高达40℃～41℃，肛门粘膜或外生殖器发炎微肿。食欲减退或拒食，鼻镜干燥。随着病程的进展，眼部出现浆液性、粘液性乃至化脓性眼眵，附着在内眼角或整个眼裂周围，重者将眼睛糊死。鼻端也有少量上述分泌物涸着，口裂和鼻部皮肤增厚，粘着糠麸或豆腐渣样的干燥物。病貂被毛蓬乱，无光泽，毛丛中有谷糠样的皮屑；颈部或股内侧腹股沟皮肤，有黄褐色分泌物的皮疹。病貂散发出一种特殊的腥臭味。消化紊乱，下痢。病初排出粘液性蛋清样稀便，后期粪便呈黄褐色或煤焦油样。病貂不愿活动，嗜卧于小室箱内。病程平均 3～10 天或更多一点，多数转归为死亡，很少幸免。

慢性型：一般病程为 2～4 周。病貂虽有急性经过的表现，但眼、耳、口、鼻、脚爪及颈部皮肤病变比较明显。病貂食欲减退，时好时坏，挑食，不活动，多卧于小室内。眼边干燥，似带眼镜圈样，或上下眼睑被眵粘着在一起，看不到眼球，时而睁开，时而又粘在一起，这样反复交替出现，有的病貂反复 1～2 次后死亡。有的患貂耳边皮肤干燥无毛，鼻镜和上下唇、口角边缘皮肤有干痂物。

病初爪趾间皮肤潮红，而后出现微小的湿疹，皮肤增厚肿胀，变硬，所以有“硬足掌症”之称。有的病貂肛门或外阴肿胀。

顿挫型（隐性型）：即非典型型。病貂仅有轻微一过性的反应，类似感冒，多看不到明显的异常表现，就耐过自愈，并获得较强的免疫力。

【诊 断】 根据病史、流行病学资料和典型的犬瘟热症状，就可作出初步诊断。为了准确无误，必要时可做生物学试验、包涵体检查和血清学检查。

【治 疗】 无特异性疗法，目前用一般的药物和抗生素对犬瘟热病无治疗作用。因此，惟一的办法是及时诊断隔离病貂，搞好病貂笼舍和用具的消毒，加强饲养管理，固定食具，定期煮沸消毒，避免人为的传染。尽快进行全群犬瘟热疫苗强制接种。

为了防止继发性感染，应对症治疗。可用磺胺类药物和抗生素控制由于细菌引起的并发症以延缓病程，促进痊愈。当发生浆液性和化脓性结膜炎和鼻炎时，可用青霉素溶液点眼和滴鼻。

【防治措施】 因为犬瘟热病是病毒性传染病，没有特异的治疗方法。主要是加强预防，进行疫苗接种，做到防重于治。现在，国内外都应用弱毒犬瘟热疫苗。弱毒疫苗接种后很快见效，一般接种后 7～15 天产生抗体，30 天后免疫达到 90%～100%，免疫期半年以上。孕貂也可接种，对胎儿无不良影响，对已发病的水貂群不能 100%的保护，但有一定的治疗作用，经强制接种的轻症病貂也有治愈的。

发病的饲养场（点），应采取最快的速度，进行犬瘟热疫苗强制接种，不能观望等待，以争取未感染的水貂尽快产生抗体，免受本病的侵染，使本病得到控制。

水貂阿留申病

本病是由阿留申病病毒引起的慢性进行性衰竭病。主要侵害网状内皮系统，以浆细胞弥漫性增生，产生多量γ-球蛋白，以及持续性病毒血症为特征。具有超敏和自身免疫现象，伴有肾小球肾炎，动脉血管炎，卵巢、睾丸等炎症变化的慢性病毒性传染病。

本病不仅由于感染后引起一定程度的死亡，而且更严重的是导致母貂不发情、空怀、妊娠中断、流产、死胎、感染子代，以及公貂配种能力下降，精液品质不好等变化，造成严重的繁殖力下降等无形的经济损失。

【病　原】 阿留申病毒是细小病毒科，细小病毒属成员之一。病毒粒子大小为22～25纳米，呈球形，核酸型为脱氧核糖核酸(DNA)。

阿留申病毒的抵抗力很强，它能在pH值2.8～10.0内保持活力，甲醛80℃存活1小时。本病在5℃的条件下，置于0.3%甲醛中，能耐受2周，4周才灭活。

【流行病学】 本病的主要传染来源是病貂和潜伏期病貂。病毒主要以粪、尿和唾液排泄到外界环境中，在血液中也有病毒。用病貂尿液给健康水貂接种，可使被接种水貂在8周后全部发病，16周后出现具有本病典型的肝、肾肿大和浆细胞浸润。

本病能通过各种不同的方式和途径传播。除病貂与健康貂接触外，在笼养条件下，主要是通过传递物或传递者间接传播，如被病貂污染过的饲料、饮水、饲具等，特别是饲养人员和兽医工作者，若不注意消毒，往往会成为病原的传播者。接种疫苗、外科手术和注射时消毒不彻底，也能造成本病的传播。

不同年龄和性别的水貂均可感染。本病虽然常年都能发病，但在秋冬季节的发病率和死亡率大大增加。因为肾脏高度受损，病貂表现渴欲增高，而秋冬季节气温较低，由于冰冻往往不能满足其饮水的需要，致使原来就衰竭的病貂，在这样急剧恶化的条件下，发生大批死亡。

不良的饲养管理条件如寒冷、潮湿等，都能促进本病的发生和发展，致使病情加剧和恶化。因此，适当改善饲养管理条件，可以使病貂存活到取皮期。

【临床症状】 阿留申病的潜伏期相当长。非经常接种本病毒的水貂，其血液出现γ-球蛋白增高的时间平均为21～30天；直接接触感染时，平均为60～90天，最长达7～9个月。有的病貂甚至持续1年或更长的时间仍不表现出临床症状。

本病的特征表现为：食欲减退、消瘦、嗜眠，病的末期昏迷。这些表现，大都是慢性进行性、弥散性肾小球肾炎的反应。大部分水貂由于病情不断发展，至4～12个月后，出现肾衰竭而死。

除因肾衰竭血中尿素氮大量增加外，实验室最常见的特征是血小板减少和丙种球蛋白进行性地增高，常达每100毫升中含3～5克，主要是免疫球蛋白G(LgG)合成过量。

临床上大体可分为急性型和慢性型。急性型经过的病貂，病程在2～3天。病貂食欲减退或拒食，呈抑郁状态，逐渐衰竭，死前痉挛。慢性型的病程延长至数周。病貂由于肾脏遭到严重侵害，水的代谢紊乱，因而临床上表现高度口渴，几乎整天伏在水槽上暴饮或吃雪、啃冰。病貂逐渐消瘦，生长发育缓慢，食欲反复无常，被毛无光泽，眼球下陷，凝视。精神高度沉郁，步履蹒跚。侵害神经系统时，伴有抽搐、痉挛、共济失调、后肢麻痹或不全麻痹。由于浆细胞在骨髓内大量增生，取代了制造红细胞的机能，使造血机能降低。因此，临床上表现高度贫血，可视粘膜苍白。齿龈、软腭和硬腭粘膜上常有出血或溃疡。由于内脏自发性出血，粪便呈煤焦油样。

【诊 断】 采用对流免疫电泳方法诊断。该方法检测率高，特异性强，操作简便，不仅可检查出有症状的患病水貂，而且对于处于隐性感染的患貂也可检出。

【防治措施】 每年在仔貂分窝后，利用对流免疫电泳法逐只采血检疫，阴性貂接种疫苗(中国农业科学院特产研究所专售)免疫，阳性貂到取皮期再一律淘汰取皮，这样坚持3～5年，就可基本消灭阿留申病。

病毒性肠炎

水貂病毒性肠炎，是以出血和坏死及急剧下痢，白细胞高度减少为特征的急性病毒性传染病。幼龄水貂有较高的发病率和死亡率，多数病貂转归死亡，造成巨大损失。这是世界公认的危害水貂饲养业较严重的传染病之一。

【病 原】 本病的病原体为细小病毒科、细小病毒属的水貂肠炎病毒。本病毒对外界环境有较强的抵抗力，能耐受66℃，30分钟加热处理；在污染的貂笼里，能保持1年的毒力。含有病毒的组织和粪便，在冷冻状态下，1年毒力不下降。病毒对胆汁、乙醚、氯仿等有机溶剂和胰蛋白酶有抵抗力；煮沸能杀死病毒；0.5%甲醛或苛性钠溶液，在室温条件下12小时失去活力。

【流行病学】 在自然条件下，不同品种和不同年龄的水貂都易感染，但幼龄水貂最敏感。发病没有季节性，全年均可发生。开始扩散比较慢，每天死亡较少，即地方性流行。初期呈慢性传染，经过一段传染，毒力增强以后，转为急性。特别是仔貂分窝以后，发病率为 50%～60%，死亡率高达 90%。

患病(或带毒)水貂是主要传染来源。病毒还可以随野鸟从污染貂场带到非发病场。此外，蝇类、禽类、鼠类等，也是一种危险的传染媒介。饲养人员的手套和饲具，也能引起传染散布。

本病流行的主要特点是具有固定性。患病貂场如不采取措施，第二年仔貂分窝后(7～9 月份)，还会大批死亡。这与耐过病毒性肠炎的水貂长期带毒有关。

【临床症状】 潜伏期 4～9 天。临床上分为最急性型、急性型和慢性型。

最急性型病例：病貂不出现腹泻，食欲废绝后 12～24 小时内死亡。

急性型：患貂主要表现为高烧、呕吐、下痢，排出混有血液、粘液(多呈乳白色，少数呈鲜红色，或红褐色乃至黄绿色)的水样便，或脱落肠粘膜样的稀便，有的出现管形(粘液管)便。白细胞高度减少，所以称之为“泛白细胞症”。患貂精神沉郁，不愿活动，体温 40℃～40.5℃，食欲减退或废绝，渴欲增高，有的出现呕吐、腹泻，7～14 天死亡。

慢性病例：患貂耸肩弯背，皮毛蓬乱，两眼睁得不圆，凝视。里急后重，排便频繁，但量少。粪便为液状，常混有血液，呈灰白色、粉红色或灰绿色，有的排出褐红色胶冻样的管形物。由于下痢脱水，中毒病貂表现极度虚弱和消瘦，常常四肢伸展卧于笼内。

用显微镜检查，粪便有大量没有消化的纤维素、白细胞和脱落的肠粘膜上皮细胞。在发病后期进行血液检查时，白细胞数减少，嗜中性白细胞相对增多，淋巴细胞则相对减少。

呈地方性流行时急性型的出现症状后 4～5 天死亡。在病的流行旺期，最急性型的没有临床症状就突然死亡，个别的病例，在1～2周后，病貂衰竭而死，或逐渐恢复健康。病愈的水貂长期带毒，生长发育迟缓。

【诊　断】 根据流行病学、临床症状、病理解剖和病理组织学变化，综合分析可作出初步诊断。大批发病和急性传染，高度腹泻并在稀便内发现粘膜圆柱(管形便)，白细胞显著减少，小肠病理切片上皮细胞增大，空泡变性和包涵体出现等，均可作为诊断本病的依据。琼脂凝胶扩散试验、血凝(HA)和血凝抑制(HI)试验可准确诊断。

【治　疗】 对病毒性肠炎，目前尚无特效疗法。当继发细菌(大肠杆菌、巴氏杆菌、副伤寒杆菌)感染时，可用抗生素和磺胺类药物治疗。

【防治措施】 患过病毒性肠炎自愈的水貂，可获得长期的免疫。但它是危险的传染源，预防本病最好的办法就是接种疫苗。

伪狂犬病

伪狂犬病又称阿氏病，是多种动物共患的急性病毒性传染病，猪多发。其特点是侵害中枢神经系统和皮肤瘙痒。

【病　原】 伪狂犬病病毒属于疱疹病毒科。本病毒含双股脱氧核糖核酸，病毒粒子的直径为100～150纳米。

【流行病学】 病貂和带毒的肉联厂的下杂物肉类饲料，是毛皮动物的主要传染来源。猪是本病的主要宿主，其临床症状不明显，无瘙痒和抓伤，多呈隐性经过。生前不易诊断，猪自然带毒6个月以上。病毒侵入机体的主要途径是消化道。

在毛皮动物中，本病没有明显的季节性，但以夏、秋季多见，常呈暴发流行，初期死亡率高，当排除污染饲料成分后，病势很快停止。

【临床症状】 水貂自然感染时的潜伏期为3～6天。水貂感染伪狂犬病,主要表现平衡失调,常仰卧,用前指爪摩擦鼻镜、颈和腹部,但无皮肤和皮下组织损伤。表现拒食或食后不久发病。其特征为食后第一个小时发现多数水貂精神委靡,瞳孔急剧缩小,呼吸迫促、浅表,鼻镜干燥,体温升高(40.5℃～41.5℃),狂躁不安,冲撞笼网,兴奋与抑制交替出现,病貂时而站立,时而躺倒抽搐,转圈,头稍昂起,用前爪搔脸颊、耳朵及腹部。舌头麻痹伸出口外,牙关紧闭,舌面有咬伤,从口内流出大量血样粘液。有的出现呕吐和腹泻。死前发生喉麻痹,胃肠胀气,有的公貂发生阴茎麻痹。眼裂缩小、斜视,下腭不自觉地咀嚼或痉挛收缩,后肢不全麻痹或麻痹。一般1～20小时死亡。

【诊　断】 根据流行病学、特征性临床症状瘙痒、病理解剖及病理组织学变化,进行综合分析,可以作出初步诊断。为进一步确诊,可用血清学和生物学试验最后确诊。

【治　疗】 尚无特效疗法。发现本病后,应立即停喂因伪狂犬病污染的肉类饲料,更换新鲜、易消化、适口性强、营养全价的饲料。同时应用抗生素控制继发感染。

【预防措施】 预防本病的发生,必须对饲料进行严格检查。特别是喂猪内脏等肉类饲料,应严格无害处理后再喂。对本病进行特异性预防,就是接种伪狂犬疫苗。免疫期1年,效果很好。

巴氏杆菌病

巴氏杆菌病是各种畜、禽和野生动物多发的细菌性、出血性、败血性传染病。

【病　原】 病原菌是两端钝圆、中央微凸的短杆菌，长1～1.5微米，宽0.3～0.6微米。不形成芽胞，无运动性。普通染料都可着色，革兰氏染色阴性，菌体多呈卵圆形，两端着色深，中央部着色不明显。用印度墨汁等染色时，可看到清晰的荚膜。新分离的细菌荚膜较宽厚，经过人工培养而发生变异的弱毒菌，则荚膜狭窄而且不全。

【流行病学】 水貂对巴氏杆菌比较敏感，多呈地方性流行。特别是饲养管理较差，饲料质量不佳，更易发生这种传染病。

主要传染来源是患病畜、禽和兔等肉类饲料，以及肉联厂的副产品，尤以兔、禽类副产品最危险。带菌的禽、兔进入貂场，或混养在一个貂场内，是传染本病的重要原因。故养貂场内切忌貂、兔、鸡混养。

【临床症状】 水貂巴氏杆菌病多为最急性经过，散发病例，开始幼貂多发。大群水貂，突然出现最急性死亡，或者以神经症状开始。病貂癫痫式抽搐尖叫，虚脱出汗而死。该病流行到一定程度时，发病死亡出现高峰。

病貂类似感冒，不愿活动，两眼睁得不圆，体温升高，鼻镜干燥，食欲减退或不食，渴欲增高。肺型的以呼吸系统病变为主，出现呼吸频数，心跳加快，有的病貂鼻孔有少量血样分泌物，个别的出现头、颈水肿，乃至眼球突出的异常现象。病程一般48～72小时，即2～3天死亡。

肠型的，即以消化道变化为主的病貂，食欲减退，废绝，下痢，排便带血，眼球塌陷，卧在小室内不活动，通常在昏迷或痉挛中死去。

慢性经过的病貂，精神不振，食欲不佳或拒食，呕吐，常卧于小室内，不活动。被毛欠光泽，鼻镜干燥，体温增高，腹泻，肛门附近沾有少量稀便或粘液。如不及时治疗，3～5天或稍长一点时间转归死亡。

此病是常见多发性传染病，病的流行初期症状不典型，很少看到典型出血性败血症现象。

【诊　断】 根据流行病学和病理解剖，可以作出初步诊断。进一步确诊，必须做细菌学和生物学试验，和副伤寒、犬瘟热、伪狂犬病、钩端螺旋体等传染病加以区别。

细菌学检查，取病尸心血、肝被膜和脾等压片、涂片，能检查出两端钝圆、两极浓染革兰氏阴性小杆菌。细菌培养为阳性，生物学试验有毒力，方可认为是巴氏杆菌病。

【治　疗】 改善饲养管理，排除可疑饲料，给以新鲜易消化的饲料。对有病的或可疑的病貂，可用大剂量的青霉素治疗，每只每天隔4小时肌内注射1次。每次10万～20万单位。因为巴氏杆菌病最急性和亚急性经过的病貂，发病急，死亡快，在临床上不易发现，同时治疗效果也不显著。所以，在实际生产中往往采取全群预防性治疗，即有病、无病的貂都注射青霉素。每头每天可肌内注射两次，即上下午各1次，每次注射10万单位，效果比较好，可以控制住疫情的发展。巴氏杆菌对青霉素是敏感的，只要坚持治疗，是有效的。

此外，口服喹乙醇、复方新诺明片或增效磺胺类制剂等也有效，其剂量和使用方法，根据药品说明书使用。

特异性疗法，如果能及时买到巴氏杆菌多价血清，可注射此种免疫血清。在大群注射前，最好先做小群试验，因为此种血清是抗猪巴氏杆菌多价血清，同时血清都是异种蛋白质，易引起过敏反应。所以用前要做小群试验，测一下动物的耐受量，以免大群使用出现问题。

【预防措施】 加强饲养场的卫生防疫工作，改善饲养管理，特别是喂兔肉加工厂、禽类加工厂的下杂物，以及哺乳期死亡的犊牛、仔猪和羔羊，这些饲料巴氏杆菌污染最多，最易引起动物发病。所以，均应认真加温蒸煮，熟喂，不得马虎。

当阴雨连绵或秋冬季节交替的时候，一定要加强饲养管理，食具和小箱内的卫生、垫草补给要注意，切忌毛皮动物和兔、鸡、鸭、猪、狗等混养在一个场地里，以防相互传染造成损失。

预防接种：应用水貂巴氏杆菌弱毒双型菌苗免疫接种，每只水貂肌内或皮下注射 0.5 毫升，免疫期 6 个月，每年接种 2 次。

布鲁氏菌病

本病是人兽共患的慢性细菌性传染病，其特征是周期性弛张热或长期波状热，妊娠母貂流产，仔貂弱生，周龄内死亡率高，公貂个别出现睾丸炎，配种能力下降等。

【病　原】 本病是布鲁氏菌属的羊型、猪型、牛型病菌引起的慢性传染病。布鲁氏菌是一种长 1～2 微米、宽 0.5 微米，不能运动，不产生芽胞的球杆菌。在较陈旧的培养基中，有时一端膨大成棒状，因此有些学者把它列于棒状杆菌属。

【流行病学】 该病主要是由饲料感染，特别是生喂牛、羊内脏及下脚料、乳制品等，是比较危险的，水貂等经济动物时有散发流行本病。成年貂感染率较高，幼貂发病率较低。

流产母貂排出的恶露分泌物和胎儿，是最危险的传染源。布鲁氏菌病，除经消化道和接触传染外，通过染病公貂的精液也可发生传染。

【临床症状】 潜在经过是毛皮动物患此病的主要特征，母貂主要表现流产，体温升高，或产弱仔，食欲下降，个别出现化脓性结膜炎。

【病理解剖变化】 妊娠中后期死亡的母貂，子宫内膜有炎症，或糜烂的胎儿。外阴有分泌物附着，淋巴结和脾脏肿大。其他器官表现充、出血，公貂个别的出现睾丸炎。

病理组织学变化，主要是淋巴样细胞和多核细胞增生。

【诊 断】 经济动物布鲁氏菌病，诊断比较困难。因为本病缺乏特征性临床症状。病理解剖变化亦不明显，细菌学检查具有现实意义。

【治 疗】 无特异性的治疗方法。只有通过血清学方法检出阳性动物，结合冬季取皮淘汰，自群净化。

【预防措施】 严格执行兽医卫生防疫制度，禁止布鲁氏菌病阳性动物进场。来源不清的肉类及副产品不喂，或经高温无害处理后方可饲喂。

大肠杆菌病

大肠杆菌病是幼龄毛皮动物的一种传染病。常呈败血性经过，伴有严重下痢，侵害呼吸器官或中枢神经系统。成年母貂患本病，常引起流产和死胎。是对幼貂危害较大的细菌性传染病之一。

【病 原】 大肠杆菌根据血清型有200个变种。不同血清型的大肠杆菌，对毛皮动物的致病性也不同，常常对人、畜无致病性，而对毛皮动物却有致病性。

【流行病学】 仔貂在哺乳期对本病有较强的抵抗力，但断乳后，对本病具有较大的感染性。成年水貂对本病易感性降低。

【临床症状】 本病潜伏期变动范围很大。其潜伏期长短取决于动物体的抵抗力、大肠杆菌的毒力以及饲养管理条件，一般变化在1～10天之间。

新生仔貂患病，表现不安，不断尖叫，被毛蓬乱，发育迟缓，腹泻，尾和肛门污染有粪便。当轻微按摩腹部时，常从肛门排出绿色、黄绿色、褐色或浅黄色稀便。在粪便中有未能消化好的凝乳块和混有血液带气泡的稀便。在出现本病症状后1～2天，仔貂精神委靡，常躲在小室内不愿活动。母貂常把患病仔貂叼出，放到笼网上。

日龄较大的仔貂，食欲下降，消瘦，活动减少，持续性腹泻。粪便呈黄色、灰白色或暗灰色，并混有粘液。重度病例，排便失禁。病貂虚弱，眼窝下陷，两眼睁得不圆，拱背，后肢无力，步态摇摆，被毛无光泽。

个别的仔貂表现脑炎症状，沉郁或兴奋。有食欲，但吸吮力和吃食能力减退或消失。病仔貂额部被毛蓬松焦燥，头盖骨异常突出或增大，触诊头盖骨没有接合，后期共济失调，精神迟钝，角膜反射迟钝，四肢不全麻痹，但有的出现持续性痉挛或昏迷状态。

妊娠母貂患病时，发生大批流产和死胎。病貂精神沉郁或不安，食欲减退。

水貂大肠杆菌病，主要为急性或慢性型。脑炎型常常为慢性病例。如不加治疗，死亡率在20%～90%之间。

【诊　断】临床症状在流行病学和病理解剖上的变化，只能作为初步诊断的依据，最后确诊有待于细菌学检查。

细菌学检查，应采取未经抗生素治疗病例的材料，否则影响检出结果。一般可从心血、实质脏器和脑进行分离培养。同时必须做动物实验，分离细菌检测毒力，以防与非致病性大肠杆菌混同。

【治　疗】改善饲养管理，除去不良饲料，使母貂和仔貂能够吃到新鲜、易消化和营养全价的饲料，以提高机体抵抗力。

特异性治疗：可用仔猪、犊牛和羔羊大肠杆菌病的高免血清治疗。

【预防措施】 为预防毛皮动物大肠杆菌病，原则上在配种前15～20天内，接种大肠杆菌疫苗。仔貂30日龄后接种。用法、用量按疫苗说明书的规定。

除预防接种外，动物饲养必须严格卫生防疫制度，把好饲料质量关。对来源不明的动物性饲料，要经高温处理。仔貂育成期，饲料中添加抗生素饲料，具有良好的效果。

嗜酸菌乳、TM生态制剂对预防大肠杆菌有很好的作用。

李氏杆菌病

李氏杆菌病不仅在家畜中流行，而且在毛皮动物中也常有发生。水貂感染本病后，主要以败血症经过，伴有内脏器官和中枢神经系统病变为特征的急性细菌性传染病。

【病　原】 李氏杆菌为两端钝圆的平直或弯曲的小杆菌，不形成荚膜和芽胞，长1～2微米，宽0.2～0.4微米。多数情况下呈粗大棒状单独存在或成V字形，或成短链，具有1根鞭毛。

【流行病学】 本病感染范围很广，畜、禽、啮齿类和野生经济动物等都有不同程度的易感性。也是人、兽共患的散发性传染病。

主要传染来源是病貂。通过被污染的饲料和饮水，以及直接饲喂带有李氏杆菌病的畜、禽、肉类饲料(副产品)等，都能使水貂感染发病。另外，在饲养场内栖居的啮齿类动物和野鸟对本病的传播也有很大的危险性。

传染途径主要是经消化道进入机体。维生素缺乏、寄生虫病和其他致使机体抵抗力下降的不良因素，都是发病的诱因。本病的发生没有明显的季节性，但多发生于春、夏季。

【临床症状】 幼貂发生李氏杆菌病，表现沉郁与兴奋交替进行，食欲减退或拒食。兴奋时表现共济失调、后躯摇摆和后肢不全麻痹。咀嚼肌、颈部及枕部肌肉震颤，呈痉挛性收缩，颈部弯曲，有时向前伸展或转向一侧或仰头。部分出现转圈运动，此时病貂到处乱撞。当采食饲料时出现腭、颈的痉挛性收缩，从口中流出粘稠的液体，常出现结膜炎、角膜炎、下痢和呕吐。在粪便中发现淡灰色粘液或血液。成年水貂除有上述症状外，还伴有咳嗽，呼吸困难，呈腹式呼吸。仔貂病程从出现症状起 7～28 天死亡。

剖检，心外膜下有出血点。肝脏脂肪变性，呈土黄色或暗黄色，被膜下有出血点和出血斑。脾脏增大 3～5 倍，有出血点或出血斑。肠粘膜有卡他性炎症。脑软化、水肿。

【诊　断】 根据流行病学、临床症状、病理解剖变化和细菌学检查可以确诊。要注意与巴氏杆菌病和脑脊髓炎及犬瘟热相区别。

【治　疗】 目前尚无特效治疗方法。可在改善饲料的基础上，用新霉素(每支为 1 万单位)混于饲料中，每日喂 3 次，可取得较好的治疗效果。

【预　防】 加强卫生防疫，特别是李氏杆菌也属条件性传染病，病原菌在土壤中丛生，所以在阴雨连绵的季节要加强防疫，改善饲养管理。

沙门氏菌病

沙门氏菌病又称副伤寒。幼貂感染此病呈急性经过，发热、下痢、体重迅速减轻，脾脏和肝脏显著肿大为其特征。

【病　原】 最常见的沙门氏菌有肠炎沙门氏杆菌、猪霍乱沙门氏杆菌和鼠伤寒沙门氏杆菌。另外，在水貂中还发现有雏白痢沙门氏菌、都伯林沙门氏菌、蒙秦维提尔沙门氏菌、婴儿沙门氏菌等。

本菌为粗短杆菌，长1～3微米、宽0.4～0.6微米。两端钝圆，不形成荚膜和芽胞，具有鞭毛，有运动性（雏白痢沙门氏菌和鸡伤寒沙门氏菌除外），为革兰氏阴性菌。

【流行病学】 被沙门氏菌污染的肉类饲料，是主要传染来源。患有隐性经过沙门氏菌病的家禽肉类饲料，最危险。常从淘汰的家禽肉中检出各种对水貂致病力很强的沙门氏菌。

当毛皮动物机体抵抗力下降时，容易暴发本病。短时间内波及全群动物，出现较高的死亡率。

流行病学调查表明，本病的发生和种水貂带菌有一定的关系。常见带仔母貂成窝发病，个别的养貂场，沙门氏菌病每年都散发流行一段时间，这与带菌动物和场地污染有关。

水貂沙门氏菌病流行具有明显的季节性，一般发生在六、七、八月份，常呈地方性流行。多由饲料污染引起。病的经过为急性，主要侵害1～2个月龄的仔貂。成年动物对本病具有一定的抵抗力。

饲养管理不当，气候突变是引起本病的因素。感冒、饲料变质、防疫制度不严等，都能促使本病的发生和发展。另外，仔貂换牙期、断乳期饲料质量不良，机体抵抗力下降，都可能成为发病的诱因。

【临床症状】 自然感染潜伏期为3～20天，平均为14天，人工感染的，潜伏期为2～5天。

根据机体抵抗力和病原的毒力，本病在临床上的表现是多种多样的，大致可区分为急性、亚急性和慢性 3 种。当呈急性经过时，病貂拒食，先兴奋，后沉郁。体温升高到 41℃～42℃，轻微波动于整个病期，只有在死前不久才下降。大多数病貂躺卧于小室内，走动时背弓起，两眼流泪，沿笼子缓慢移动。发生下痢、呕吐，在昏迷状态下死亡。一般经 5～10 小时或延至 2～3 天死亡。

亚急性经过时，主要表现胃肠机能高度紊乱，体温升高到 40℃～41℃，精神沉郁，呼吸频数，食欲丧失。病貂被毛蓬乱无光，眼睛下陷无神，有时出现化脓性结膜炎。少数病例有粘液性化脓性鼻漏或咳嗽。病貂很快消瘦，下痢，个别有呕吐。粪便变为液体状或水样，混有大量胶体状粘液，个别混有血液。四肢软弱无力，特别是后肢不全麻痹。在高度衰竭情况下，7～14 天死亡。

慢性经过的病貂，消化机能紊乱，食欲减退，下痢、粪便混有粘液，进行性消瘦，贫血，眼球塌陷，有的出现化脓性结膜炎，被毛蓬乱、粘结、无光泽。病貂卧于小室内，很少运动。走动时步履不稳，行动缓慢，在高度衰竭的情况下，经 3～4 周死亡。

在配种和妊娠期流行本病时，造成大批空怀和流产，空怀率达 14%～20%。仔貂 10 日龄以内死亡率高达 20%～22%。多数病貂在妊娠中后期发生流产。

哺乳期仔貂患病时，表现虚弱，不活动，吮乳无力，无集群能力，在窝内呈散乱状态，叫声嘶哑无力，发育滞后。病程为 2～3 天，个别的病程长达 7 天，多数以死亡告终。

【诊　断】 根据流行病学、临床症状和病理解剖变化，可以作为初步诊断。最终确诊需进行细菌学检查，可从死亡水貂的脏器和血液中分离细菌培养，进行生物学试验。

水貂沙门氏菌病，可在发生的早期进行快速细菌学检查。用无菌方法采静脉血，接种于3～4支琼脂斜面或肉汤培养基试管内，在37℃～38℃恒温箱中培养，经6～8小时有该菌生长。依据培养物和已知沙门氏菌阳性血清凝集反应，即可达到鉴别目的。应用该法在1天内就能作出诊断。

【治　疗】　为促进心脏机能，可皮下注射20％樟脑油，仔貂为0.2～0.5毫升，成年貂为1毫升。

用氯霉素、新霉素和左旋霉素治疗，其用量幼貂为5～10毫克，成貂为20～30毫克，混于饲料喂给，连续应用7～10天。也可用链霉素、四环素和磺胺二甲嘧啶治疗，用量0.5～1克/只·日，混入饲料内，连服8～10天。

【预　防】　加强妊娠期和母貂哺乳期饲养管理，对提高仔貂对沙门氏菌的抵抗力具有重要作用。特别是仔貂补饲期和断乳期，更应注意饲料的质量，喂给优质全价易消化的肉类饲料，在管理上要注意小室内的卫生，及时清除剩食和窝内的粪便。

加强饲料的兽医卫生监督，污染的饲料是本病主要传染来源，不允许把污染沙门氏菌的饲料喂给毛皮动物，更不允许把患过沙门氏菌的带菌动物留作种用，对可疑的、没有把握的饲料经过无害处理后再喂，不得马虎从事。

为预防本病，可在饲料中定期加入上述半量抗生素和嗜酸菌乳。

当貂场出现沙门氏菌病时，应立即隔离病貂和可疑病貂，抓紧进行治疗。对病貂污染的笼子和用具要进行消毒。治愈的病貂由于带菌，仍然是危险的传染来源，不能送回大群，应隔离饲养，直到取皮期淘汰处理。

链球菌病

链球菌病是幼水貂比较常见的败血型传染病。多散发，常在仔貂出生后5～6周开始发病，7～8周达到高潮。成年貂很少发病。

【病　原】 链球菌病的病原体是β溶血性链球菌。此菌是家禽和动物常见的病原微生物，革兰氏染色阳性，呈链状排列，链长短不一，短链2～3个菌排成1串，长者20～30个菌连在一起。

【流行病学】 多是由于喂饲污染β溶血性链球菌的肉类饲料、饮水或病畜肉、下脚料而感染。此外，也可以通过污染的垫草、饲养用具而传播，通过外伤或消化道都可导致本病的发生。

【临床症状】 病貂突然拒食，精神沉郁，呼吸急促而浅表，流鼻液，结膜发炎，常发生肢体不全麻痹或麻痹，痉挛、尿失禁、共济失调等。

【诊　断】 因本病没有特征性的临床表现和病理变化，所以细菌学检查是诊断本病的可靠依据。

【治疗和预防】 青霉素、磺胺类药物治疗本病效果良好，每只水貂每次肌内注射青霉素20万单位，每天2～3次。或注射磺胺嘧啶钠0.1克，每日1次。及时隔离病貂，对笼箱及食具进行消毒。清除小室内垫草并烧毁或进行生物发酵。笼舍小室未经消毒不能用来饲养健康水貂。

加强对饲料的卫生检查。对污染可疑饲料应经煮熟后饲喂，有化脓性病变的内脏或肉类，应废弃。来源不清楚的或被污染的垫草不用。有芒或有硬刺的垫草也最好不用或少用，以免造成刺伤，增加感染机会。

魏氏梭菌病

水貂魏氏梭菌病是由梭状芽胞杆菌属产气荚膜杆菌类的细菌引起，为急性经过的毒血症。

【病 原】 该病原的最大特点是在机体形成荚膜，分A，B，C，D，E，F 6个型，多为直或稍弯的杆菌，两端钝圆，均能形成梭状。广泛存在于自然界，如土壤、污水、人和动物肠道及其粪便中。

【流行病学】 仔貂对本病最易感。毛皮动物吞食被本菌污染的肉类饲料而感染。

该病发病初期，呈散发流行。病原体随着粪便排出体外，毒力不断增强，传染不断扩散。1～2个月或更短的时间内，大批动物发病。特别是双层笼子饲养或1笼多只以及卫生条件不好时，能促进本病的发生和发展。

【临床症状】 潜伏期为12～24小时，流行初期一般无任何临床症状而突然死亡。病貂食欲减退或拒食，很少活动，久卧于小室内，步态蹒跚，呕吐。粪便为液状，呈绿色，混有血液。常发生肢体不全麻痹或麻痹。头震颤呈昏迷状态，死亡率为90%。

【病理解剖变化】 皮下组织水肿，胸腔内混有血样的渗出液，膈和肋膜有出血点或出血斑。甲状腺增大，带有点状出血，肝脏肿大，呈黄褐色或黄色。胃粘膜肿胀、充血，幽门部有小溃疡，粘膜下有出血。肠系膜淋巴结增大，切面多汁，有出血点。

小肠及大肠粘膜充、出血，偶见点状和带状出血，肠内容物呈暗褐色，混有粘液和血液。

【诊 断】 根据流行病学材料、临床症状、剖检变化和细菌学检查,可以确诊。

【治　疗】 本病无特异疗法,由于发病急,病程短,不易发现,治疗效果不理想,一般可用左旋霉素、新霉素,每千克体重按 10 毫克投于饲料中喂给,1 天 2 次,连续 3～4 天,可获得一定效果。为预防本病,将上述药物随饲料喂给,1 天 1 次。

【预防措施】 为预防本病发生,主要是严格控制饲料的污染和变质。质量不好的饲料不能喂给动物。当发生本病时,应将病貂和可疑病貂进行隔离饲养和治疗,病貂污染的笼舍,用 1%～2%热苛性钠溶液或甲醛溶液消毒。粪便及污物,堆放指定地点进行生物热发酵消毒。地面用 10%～20%新鲜漂白粉溶液喷洒后,挖去表土,换上新土。冬季笼舍可用喷灯进行火焰消毒。

假单胞菌病

假单胞菌病是由绿脓杆菌引起的一种急性传染病,病理特点是出血性肺炎、脑膜炎、心内膜炎、败血症等。常呈地方性流行,给水貂饲养业造成较大损失。

【病　原】 绿脓假单胞菌也叫绿脓杆菌。本菌广泛分布于自然界、人和动物的粪便内以及水和污水中,菌体长 1.5 微米,宽 0.5～0.6 微米。两端钝圆,有 1 根鞭毛,不形成芽胞及荚膜,单在、成对或形成短链,在肉汤培养基上,见到长丝状态,为革兰氏染色阴性。

绿脓杆菌本身能产生一种抗生素,即绿脓杆菌素。此种抗生素对多种革兰氏阳性细菌具有抑菌和杀菌作用。

【流行病学】 污染绿脓杆菌的肉类饲料和病貂的粪便、尿、分泌物、污染的水源和环境,都是本病的传染源。蚕蛹也常是本病的传染源,有人曾从蚕蛹中分离出绿脓杆菌。

感染的主要途径常由被污染的尘埃或绒毛，通过鼻腔感染本病。本病没有明显的季节性，病菌侵入后，任何季节都能引起暴发。但多于夏秋季节，特别是阴冷潮湿的9～10月份水貂换冬毛期，最易发生。

【临床症状】 自然感染时，潜伏期19～48小时，最长的4～5天，一般为急性或最急性型。死前不久出现食欲废绝，体温升高，鼻镜干燥，行动迟钝，流泪、流鼻涕、呼吸困难。多数病貂出现腹式呼吸，并伴有异常的叫声。有些病例咯血或鼻孔周围有血液污染。此种病貂，自发病后1～2天很快死亡。

病理解剖特征性变化是出血性肺炎，肺充血、出血，呈暗红色肝样变，切开有血样液体流出，投入水中下沉，病变较轻部位，常见灰色小结节。胸腔充满血样渗出，病变严重的呈大理石样外观。胸腺布满大小不等的出血点或斑，呈暗红色，心肌弛缓，冠状沟有出血点。胃和小肠段内有血样内容物。脾肿大。

【诊　断】 根据流行病学、临床症状和病理解剖，可以作出初步诊断。最后确诊需靠细菌学检查。利用肝、脾、肾、脑及骨髓等实质脏器进行分离培养。在肉汤培养基上进行需氧培养，经24～48小时，在表面形成绿色后，变成淡褐色的薄膜。在琼脂平板上，长出边缘整齐的波状大菌落，上面染成青绿色，并发出特殊的芳香气味。接种小白鼠、家兔、豚鼠后，常在24小时内死亡。

此外，凝集试验、酶联免疫吸附试验等免疫学方法，也可用于本病的诊断，但由于本病经过急，致死率高，所有血清学诊断实用价值不大。

【治疗和预防】 由于不同的绿脓杆菌株对不同的抗生素药物的敏感性不一致，所以很多学者认为，在实践中单一的特效药物是没有的。应用几种抗生素或与其他抗生素等各1 000～1 500单位，或多粘菌素2 000单位和磺胺噻唑，以每千克体重0.2克，混于饲料内喂给，都能收到效果。

预防上有人主张在流行区分离到绿脓杆菌后，制备福尔马林灭活菌苗，进行预防接种能收到一定的效果。中国农业科学院特产研究所研制出水貂假单胞菌病脂多糖菌苗，效果很好，可作预防接种。

此外要加强饲养管理，以提高机体的抵抗力。

克雷伯氏菌病

克雷伯氏菌病的病原体是臭鼻克雷伯氏菌。常呈地方性暴发流行，亦有散发，造成较大的损失。

【病　原】 克雷伯氏菌，属于革兰氏阳性杆菌。没有运动性，能形成荚膜，在动物体内形成菌血症。易从病貂的心血、肝、脾、肾、肺中分离培养。

【流行病学】 克雷伯氏菌主要是通过饲料（肉联厂的下脚料，如乳房、脾、子宫）等感染。亦可通过患病动物的粪便和被污染的饮水传播。但克雷伯氏菌病的传染方式尚不十分清楚。有人曾用从病貂分离出的克雷伯氏菌肉汤培养物喂给水貂，或涂抹在水貂口腔粘膜刺破面上，均未感染成功。可见，毛皮动物感染本病的条件是比较复杂的。

【临床症状】 水貂克雷伯氏病根据临床表现可分为4个类型。

脓疱疖型：水貂周身出现小脓疱，特别是颈部、肩部出现许多小脓疱。破溃后流出粘稠的脓汁。大多数形成瘘管，局部淋巴结形成脓肿。

蜂窝组织类型：多在喉部出现蜂窝组织炎，并向颈下蔓延，可达肩部，化脓、肿大。

麻痹型：食欲不佳，或废绝，后肢麻痹，步态不稳，多数病貂出现症状后 2～3 天内死亡。如果局部出现脓疖，则病程更短。

急性败血型：突然发病，食欲急剧下降，或完全废绝，精神沉郁，呼吸困难。在出现症状后，很快死亡。

【诊　断】 根据病貂的临床表现、病理剖检变化和分离到的细菌情况，方可作出此病的确诊。此病应和链球菌病、结核菌引起的脓肿加以区别。

【治疗和预防】 当水貂场发现克雷伯氏菌病时，应将病貂和可疑病貂暂时隔离，并用氯霉素、磺胺类药物、链霉素等进行治疗，如体表发生脓肿，可切开排脓，用双氧水冲洗创腔，彻底排脓，撒布消炎粉或其他消炎药物。此外，应用庆大霉素肌内注射效果更好。每次 4 万单位，每日两次。

发生克雷伯氏菌病后要及时对水貂场进行消毒，查清传染源，根除病原。

注意对饲料，特别是肉制品联合加工厂的下脚料，如乳房、子宫、脾和淋巴结以及饮水卫生进行检验，对预防本病有重要意义。

（二）水貂主要寄生虫病

旋毛虫病

旋毛虫病是人畜（含毛皮动物）共患的寄生虫病，猪、狗和以肉食为主的毛皮动物多发。

【病　原】 旋毛虫是一种很细小的线虫，雄虫长 1.4～1.6 毫米、宽 0.04 毫米，雌虫长 2～4 毫米、幼虫长0.09～

0.12 毫米，宽 0.006 毫米。成虫寄生在动物（宿主）的小肠里，称为“肠型旋毛虫”。幼虫寄生在同一宿主的肌肉组织中，称为“肌型旋毛虫”。呈盘香状蜷曲于肌肉纤维之间，形成包囊，呈梭状黄白色小结节，长 0.3～0.5 毫米。旋毛虫对外界的不良因素具有较强的抵抗力，对低温有更强的耐受力。在 0℃时可保持 57 天不死。但高温可以杀死肌型旋毛虫，一般在 70℃时，可以杀死包囊内的旋毛虫，如果煮沸或高温的时间不够，肉煮得不透，肌肉深层的温度达不到致死的温度时，其中包囊内的虫体仍可保持活力。

【临床症状】 食肉动物吃了含有活力的旋毛虫幼虫的肉类饲料而感染。肉食里的旋毛虫包囊，在动物的胃内被溶解，幼虫逸出，在十二指肠内迅速生长发育，经过 4 次脱皮，发育成成熟的肠型旋毛虫。雌虫受胎后，钻入肠粘膜内产生幼虫。幼虫经淋巴和血液循环，移行到横纹肌内生长发育成肌型旋毛虫，以膈肌、肋间肌、嚼肌、舌肌最多见。

幼虫到达肌肉后，生长发育长大，产生一些代谢产物刺激动物体形成包囊，每个包囊内含有 1～2 个蜷曲的幼虫，包囊钙化以后幼虫死亡。

一般看不到特殊症状，机体消瘦，食欲不振，寄生在小肠里的成虫，吸取营养，分泌毒素，致使动物体消化紊乱，表现呕吐、下痢。寄生在肌肉里的幼虫，排出的代谢产物或毒素，刺激肌肉疼痛。所以动物不愿活动或呼吸短促，最后由于毒素的刺激，导致动物食欲不好，消瘦、营养不良，抗病力下降，一遇外界环境的变化就出现死亡，或丧失种用价值。

【诊　断】 生前不易诊断，死后尸体消瘦，皮下无脂肪沉着，皮下筋膜和背部肌肉有芝麻粒大的白色小结节散在。剪取背最长肌有结节的肌肉组织，放于载玻片上，进行压片，置于低倍镜下观察虫体，呈盘香状蜷曲。

【预　防】 加强兽医卫生检验。有的单位和个体户用狗肉作饲料，一定要很好检查。凡有旋毛虫的狗肉或其他动物肉及内脏，一律要高温煮熟。为保证肌肉深层达到100℃，在煮前应将肉切割成小块后高温处理，以彻底杀死虫体。

肾膨结线虫病

肾膨结线虫属于膨结科线虫，多寄生于猪和狗的肾脏内，故叫肾虫病。肉食毛皮动物也患此病。

【病　原】 活的虫体呈鲜红色，虫体比较大，圆柱形，两端略细，体壁有发达的4条纵行肌。雄虫长14～40厘米，粗0.3～0.4厘米；雌虫长20～60厘米，粗0.5～1.2厘米。口的周围有两个环状乳突，每环6个。寄生在肾脏的雌虫，性成熟与雄虫交尾后，所产受精卵随尿排出于水中而感染淡水鱼类（鲤鱼、鲫鱼、泥鳅等）。当水貂生食感染有肾膨结线虫幼虫的鱼类而得此病。

【临床症状】 水貂感染肾膨结线虫，多寄生于右侧腹腔。由于虫体移行，分泌毒素和机械刺激，肾脏和腹膜发炎，脏器粘连，浆膜和大网膜纤维素沉着，肝脏受损。患侧肾脏颜色灰白混浊、质硬，有的穿孔，有的缺损，切面有钙化灶，肾盂内有脓样的混浊液体。有的可见虫体穿入肾组织中，膀胱内有血尿。患病动物表现消瘦，贫血，可视粘膜苍白，食欲不好，消化紊乱，有时出现呕吐，常出现血尿，貂群生产能力下降，空怀率高。剖检时尸体消瘦，尸僵完整，口腔粘膜苍白，皮下脂肪缺乏。

剖开腹腔，腹水多量，淡黄红色。患侧肾区和腹膜有黄红色绒毛状纤维素附着，多在右侧腹腔出现虫体，肝脏有的受损，肾脏也有前述之变化。

【诊 断】 生前诊断比较困难。以检查尿中有无虫卵，根据动物的临床表现和平日的饲料(淡水鱼类，特别是生喂泥鳅，应引起注意)进行初诊，最后根据病理解剖检出虫体即可确诊。

【治疗和预防】 本病尚无好的治疗方法，只好加强预防。凡以淡水鱼类为主要饲料的养貂场，从预防本病的角度出发，鱼类都应熟喂，蔬菜也要用水洗净，特别是江南水乡附近的饲养场，对此病更要重视。浙江省的嵊县、临安、宁波等地，都发生过此病，该地区的淡水鱼类，特别是泥鳅感染率高达 70%左右。

弓形虫病

弓形虫病是由一种龚地弓形虫所引起的人、畜及野生动物共患的寄生虫性传染病。

【病 原】 弓形虫(弓浆虫)为细胞内寄生虫，属于原虫动物型等孢球虫的一种。

【流行病学】 弓形虫病广泛流行于世界各国的多种动物中，是人、畜、野生动物及禽类共患的寄生虫病，现在发现 40 种以上的哺乳动物患有本病。

本病可通过健康粘膜或损伤粘膜及空气飞沫感染，也可通过胎盘感染。肉食毛皮动物，通过饲料感染的可能性比较大。吸血昆虫也可传播本病。患病动物的排泄物、分泌物都可以成为传染源。任何年龄和性别的动物都可感染，但幼龄动物发病率比较高。妊娠期感染，可招致胎儿被吸收、流产、死胎、难产、产出发育不均的弱仔。

【临床症状】 潜伏期 7～10 天或数月。弓形虫病呈现不同型，侵害胃肠道、呼吸道、中枢神经系统及眼等。急性经过2～4周转归死亡，慢性经过可持续数月，转为带虫免疫状态。

水貂弓形虫病的特征是，中枢神经系统紊乱，呈现兴奋性增高，表现不安和眼球突出或沉郁状态，拒食，运动失调，衰竭，常死于小室内。有的病貂表现听觉逐渐消失，呼吸困难。还有的病貂常表现急速奔跑，从小室出来又进去，尾巴向背部伸展，如松鼠样。有时上下颌动作不协调，采食缓慢、困难。失去正常排便习惯(即不在固定地点排便)。有的出现结膜炎，常在抽搐中死亡。也有的病貂呆立，嘴巴触在笼壁上，驱赶时旋转，搔抓和咬笼壁，步履失去平衡性，倒在笼网上旋转。带有神经紊乱的水貂，病程比较长，在1～2周内仍还活着。公貂患病失去配种能力，时而病情好转，时而呈现神经紊乱，多转归死亡。

母貂在怀孕期患病，所产仔貂在出生后4～5天死亡。或产出不健康、发育不正常的体躯变形、头盖骨增大的仔貂，多转归死亡。水貂患本病死亡率很高，特别是仔貂死亡率高达90%～100%。

经口、腹腔、皮下均能使幼貂发生急性感染，成年貂则呈慢性经过。水貂剖检时，尸体消瘦，肌肉色淡或轻度黄染。肺呈现充血、出血，水肿，有大理石样的花纹，表面有硬固的模糊可见的坏死结节。脾肿大，呈黑紫色。肝呈淡黄色，有时呈黑褐色，质地脆弱，表面有出血点和坏死灶。有神经症状的死貂，脑膜和小脑充血，肾呈淡黄色，肝被膜下有出血点。胃肠粘膜充血、出血。

【诊　断】 弓形虫病在临床表现、病理变化和流行病学上，虽有一定的特点，但不足以作为确诊的依据，必须在实验室诊断中查出病原体或特异性抗体，方能作出结论。

【治　疗】 磺胺嘧啶、磺胺甲基嘧啶、磺胺-6-甲氧嘧啶

(制菌磺)、胺苯砜、甲氧苄氨嘧啶和敌菌净等均有较好的疗效。但要在发病初期使用,如用药较晚,虽可使临床症状消失,但不能抑制虫体进入组织形成包囊,从而使其成为带虫者。同时用维生素类,特别是B族维生素类和维生素C注射液,都有促进治愈的作用。

【预防措施】 有怀疑的肉类饲料,要高温消毒后再用。对患有弓形虫病的毛皮动物及可疑动物进行隔离治疗,尸体要焚烧或深埋。

螨　病

螨病是由疥螨科和痒螨科的螨类寄生于毛皮动物体表的外寄生虫病,以接触传染为主,引起患病动物发生剧痒,以各种类型的皮肤炎、脱毛、上皮角化增厚为特征。不同种类的螨,引起不同的螨病,但也有生疥螨病的。

【病　原】 螨类是不完全变态的节肢动物,其发育过程包括卵、幼虫、若虫和成虫4个阶段。疥螨钻进宿主表皮挖凿隧道,虫体在此发育繁殖。在隧道中,每隔一定距离有小孔与外界相通,为通气和幼虫出入的孔道。雌虫在隧道内产卵,卵孵化为幼虫,幼虫爬到皮肤表面,在毛间的皮肤上开凿小穴,在里面蜕化为若虫,钻入皮肤,形成狭而窄的穴道,并在里面蜕化为成虫。

【临床症状】 动物患疥螨病,多先起于头部、口、鼻、眼、耳及胸部,后遍及全身。皮肤发红,有疹状小结节,皮下组织增厚,奇痒。搔抓患部被毛脱落,于皮肤秃毛部出现出血性抓伤,患部皮肤有皱,或形成痂皮。

死于本病的毛皮动物,皮肤上覆盖以硬壳和痂皮,在秃毛部增厚的皮肤上,出现出血性龟裂和搔伤。尸体消瘦、贫血。

【诊　断】 根据皮肤特征变化，可以作出疥螨病的初步诊断。更确切的诊断，用外科圆刃刀或锐匙，于患部和健康皮肤交界处，涂少许甘油，用刀刮至皮肤充血、出血为度，将其刮取物涂在载玻片上，或在10%苛性钾(或钠)溶液中处理3～5分钟，取其悬浮液到载玻片上，用低倍镜检查，可看到螨虫。

【治　疗】 轻者，患部可涂擦虫克星水剂，1～2次可治愈。重症者，注射克虫星针剂。同时要注意笼舍消毒，防止重复感染。虫克星是伊维菌素制品，广谱灭虫药，对体内外寄生虫均有作用，可广泛使用于毛皮兽寄生虫病的治疗。

(三)水貂主要普通病

大葱中毒

在水貂繁殖期，有的饲养场为促进发情，在饲料中加入一定量的大葱作为催情饲料。但是，由于给量不当，会引起水貂急性中毒，出现血尿和死亡，造成很大的经济损失。本病的特征性变化是血尿，似酱油样。

【病　因】 由于喂给大葱超量所致。正常喂量每只貂日给量10～15克。实验证明，每只水貂日喂大葱30克以上，引起慢性中毒，70克引起急性中毒，90克致死。

【临床症状】 急性病例，排酱油样的血尿，1次血尿量3毫升左右。慢性病例精神沉郁，被毛蓬乱，卧笼不起。颤抖，频排血尿，站立不稳，全身有节奏地抖动。饮水增加，食欲废绝，两眼紧闭，眼角内有眼眵，结膜黄白色，排血尿。

尸体营养良好，有一定量脂肪沉着，黄染。肝脏呈土黄色，质地脆弱，肿大1.5倍，切面外翻，流出少量酱油样血液。脂肪性营养不良。肾脏肿大1倍，黄褐色，被膜下布满针尖大黑色出血斑。脾脏肿大，可能是继发性感染。

【诊　断】 在配种期，饲料中加喂大葱，患貂排出血尿，全群出现食欲不振，可以初步确诊。

【治疗和预防】 一旦发生葱（蒜）中毒，立即停喂大葱（或蒜）。对病貂采取对症疗法，强心补液，饲料中加一定量白糖或加喂一些绿豆水。

水貂亚硝酸盐中毒

堆放或浸泡时间过长、闷煮过久的蔬菜，其中的硝酸盐会转变为亚硝酸盐，饲喂毛皮动物后会引起中毒。

【临床症状】 患貂表现为突然死亡，死前常出现流涎、腹痛、腹泻和呕吐，呈缺氧症状，呼吸困难，肌肉颤抖，呕吐，四肢无力，步态摇晃，皮肤呈青色（白貂），粘膜发绀，脉搏增数、微弱，死前还有阵发性惊厥，蹦跳而死。

慢性中毒时，其表现多种多样。如流产、虚弱、分娩无力、受胎率低，步态拘谨，发育不良，增重慢，腹泻，显示维生素A缺乏、甲状腺肿等症状。

病理解剖特征性的变化是血液呈黑红色或咖啡色，似酱油样，凝固不良，暴露空气后，经久不转变成鲜红色。胃肠粘膜充血，心肌和气管见有小血点，全身血管扩张，肝淤血肿大。

【诊　断】 中毒非常快，有吃不新鲜菜类或青绿饲料的历史。剖检血液呈黑红色或咖啡色，凝固不良，暴露空气后经久不转变成鲜红色，可怀疑该病。撤掉饲料中的菜类，临床上急救用美蓝（亚甲蓝）注射液有效。

为查明是否存在硝酸盐和亚硝酸盐，可取食物、呕吐物化验，亦可取尿、腹水、羊水、脊髓液、眼房液、血清等，进行检验，通常用二苯胺法和格利斯法。

【治　疗】 特效解毒药1%美蓝水溶液,每千克体重1毫升,每日1次,连续3~5天。

【预　防】 切实做好菜类的采摘、运输和存放等管理工作。采摘时勿乱扔、乱踩,堆放时间不宜过久,摊开散放。

蒸煮时宜大火、急火快煮,凉后即喂,不要小火焖煮。对堆放发热变黄的叶菜类,应弃之不用。

鱼毒中毒

河豚鱼,繁殖期的青海湟鱼,新捕捞的巴鱼及一些鱼卵,都可引起水貂中毒。

【临床症状】 开始少数水貂食欲不好,剩食,进而大批剩食,消化紊乱,呕吐,精神委靡,不愿活动,喜卧,后躯麻痹等。急性中毒,只能看到神经症状,抽搐而死,幼貂比老年貂严重。如果发生在妊娠中后期,可导致妊娠中断,出现死胎、烂胎现象,造成繁殖失败。

【诊　断】 生物毒一般都很难测定,多采用敏感动物,通过生物学饲喂的方法来测定。

【治　疗】 立即停喂有毒的饲料,调整貂群的饮食,喂给新鲜无毒适口性强的动物性饲料。

个别的病例可以采取对症疗法,强心、解毒、补液等综合措施。

霉玉米中毒

主要是玉米或玉米面发霉所致。霉玉米中主要有3种毒性较强的镰刀菌,产生毒素引起中毒。

【临床症状】 食欲减退,呕吐,腹泻,精神沉郁,出现神经症状，抽搐、震颤、口吐白沫、角弓反张，癫痫性发作等。急性病例，有的在临床上看不到明显症状而发生死亡。

病理解剖常见胃肠粘膜充血、出血、溃疡、坏死，肝、肾充血、变性、坏死等。

【诊　断】 在同一时间内，多数发病或死亡，就应注意检查饲料的质量，特别是谷物饲料(玉米为主)。

玉米粉碎后不及时散热，容易引起玉米霉变。结合流行病学、临床症状及病理变化等特征，进行综合性诊断。

【治　疗】 应立即停喂有毒饲料，撤出尚有剩食的饲盆(碗)。饲料中加喂蔗糖或葡萄糖、绿豆水解毒，静脉或腹腔注射等渗葡萄糖注射液。为防止出血，可用止血剂维生素K等。

食盐中毒

食盐中毒在水貂饲养中时有发生，有的是群发，有的是散发。群发是由于饲料中加盐过多，散发是由于调料时搅拌不均所致。

【病　因】 由于计算失误，饲料中加盐过多，或工作中不认真，加盐不用衡器称量而凭经验估计；喂含盐量高的咸鱼或鱼粉，脱盐不充分，调料不均，饮水不足等都能造成食盐中毒。

【临床症状】 患貂出现口渴，兴奋不安，呕吐，从口鼻中吐出泡沫样的粘液，呈急性胃肠炎症状。腹泻，全身虚弱，出汗，伴有癫痫，嘶哑尖叫，于昏迷状态下死亡。有的病貂运动失调，或做旋转运动，排尿失禁，尾巴翘起，最后四肢麻痹。水貂食盐中毒程度决定吃入食盐量及有无饮水。有的材料指出：食入食盐量每千克体重1.8～2克时，在无饮水的情况下，有

20%毛皮动物引起中毒。当食入量增加到每千克体重 2.7 克时，发生典型食盐中毒症状，并于中毒后第三天，水貂死亡率达 80%。当饮水充足时，水貂及其他毛皮动物能很好地耐过每千克体重4.5克食盐量。

病理解剖尸僵完整，口腔内有少量食物及粘液，肌肉呈暗红色、干燥。主要变化是胃肠道粘膜充血和肥厚，肺、肾及脑血管扩张，个别病例心内膜、心肌、肾及肠粘膜有点状出血。

【治疗和预防】 立即停止饲喂含食盐的饲料，加强饮水，同时喂给牛奶。后期，病貂不能主动饮水时可用胃管给水或腹腔注射灭菌的冷水。为了维持心脏机能，可注射强心剂，皮下注射 10%～20%樟脑油 0.2～0.5 毫升，也可皮下注射 5%葡萄糖注射液 5～10 毫升。

为缓解脑水肿，降低颅内压，可静脉注射 25%山梨醇或高渗葡萄糖溶液。为了促进毒物的排除，可用双氢克尿塞和石蜡油。为缓和兴奋和痉挛发作可用溴化钾。

为了预防食盐中毒，要严格掌握水貂饲料中的食盐含量和标准，加盐要准确，喂含盐量高的鱼粉或咸鱼，脱盐要彻底，饲料要搅拌均匀，不得马虎从事。

肉毒梭菌中毒

本病是由梭状芽胞杆菌属肉毒梭菌污染肉类或鱼类等动物性饲料，产生大量外毒素，导致人或动物急性食物性中毒的疾病。该病主要特征是神经和横纹肌不全麻痹或麻痹，病貂全身瘫软不会动，死亡率很高的群发性急性中毒病。

【流行病学】 所有动物都可引起中毒，水貂较敏感，特别是C 型肉毒梭菌更为严重，没有年龄、性别和季节的区别，常呈群发性，病程 3～5 天，个别的 7～8 天。

本病突然发生，第一个昼夜死亡70%，第二个昼夜死亡20%，第三个昼夜死亡9%～10%。本病的严重程度和延续时间决定于水貂食入的毒素量，死亡率高达100%。

【临床症状】 于食后8～10小时突然发病，最慢者48～72小时，多为最急性经过，少数为急性病例。

病貂表现运动不灵活、躺卧、不能站立，先后肢出现不全麻痹或麻痹，不能支撑身体。拖腹爬行(即海豹式行进)，继而前肢也出现麻痹，病貂行走困难，常滞留于小室口内外。意识在未进入昏迷期前，一直很清楚。将病貂拿在手中，像未尸僵的死貂一样，瘫痪无力。

有的病貂表现神经症状，流涎，吐白沫，颌下被毛湿润，瞳孔散大，眼球突出。有的病貂痛苦尖叫，进而昏迷死亡，较少看到呕吐和下痢。有时水貂无明显症状而突然死亡。

病理解剖没有特征性变化。胃肠粘膜有充、出血，附有粘液，肝脏充、瘀血，三界清楚。肺及肋膜有出血斑。

【诊　断】 根据食后8～12小时之内突然全群性发病，多为发育良好、食欲旺盛的水貂，出现前述症状和大批死亡等情况，可怀疑肉毒梭菌毒素中毒。

为进一步证实和诊断，可将水貂吃剩下的饲料和死貂的胃肠内容物，做敏感动物饲喂试验。剩食或胃内容物，按1∶2加入灭菌生理盐水，在无菌状态研碎，室温浸放1～2小时，滤过使之透明，将其滤液喂给两只豚鼠，如有毒素，试验动物经3～4天，发生麻痹而死，少数延续到10～12天死亡。对照组喂给加热煮沸30分钟以上的前述浸提液，在同一条件下管理、观察，健康活泼不发病。

也可用小白鼠做生物学试验和保护试验。每天小白鼠喂给检样浸提物0.5～1.0毫升或腹腔注射0.5毫升，试验鼠

12 小时内死亡。对照鼠喂经热处理的浸滤液健康活泼。再进一步证明，可用肉毒梭菌特异性免疫血清做保护试验。

【治　疗】 由于本病有来势急、死亡快、群发等特点，来不及治疗，同时也无好的治疗办法。特异性疗法可用同型阳性血清治疗，效果较好。对症疗法可强心利尿，皮下注射 5%葡萄糖。

【预　防】 注意饲料卫生检查，用自然死亡的肉尸作为饲料时，一定要经过高温处理后再喂。对本病污染区要提高警惕，加强消毒。貂群可考虑接种肉毒梭菌菌苗，1 次接种的免疫期可达 3 年之久。最常用的是 C 型肉毒菌苗，每次每只注射 1 毫升。

动物性脂肪酸败中毒(黄脂肪病)

动物脂肪，特别是鱼类脂肪，含不饱和脂肪酸多，易氧化酸败变黄，释放出一种酸败味，分解产生鱼油毒、神经毒和麻痹毒等有害物质，在低温条件下，发生缓慢的氧化。所以冻贮时间比较长的鱼类饲料，是引起水貂急、慢性黄脂肪病的主要原因。尤其含脂肪量高的刀鱼(带鱼)、油扣子鱼等，更为严重。加之在饲料中不注意维生素 E 的补给或补给不足，更易引起此病。

【临床症状】 经常喂以冻贮鱼、肉饲料为主的貂群易出现此病，一般多以食欲旺盛或发育良好的幼龄水貂先受害致死。急性病例突然死亡，大群水貂食欲不振，精神沉郁，不愿活动，出现下痢。重者后期排煤焦油样黑色稀便，或后躯麻痹、腹部尿湿，常在昏迷状态下死亡。

触诊腹股沟两侧脂肪，手感呈硬猪脂状或绳索状。慢性病貂经常出现食欲减退，消瘦，不愿活动，成年貂易出现这种病症，易与阿留申病混淆。

病理解剖尸体皮下组织黄染多汁，有的皮下有出血点，皮下脂肪黄白色，湿润，有的水肿，特别是腹股沟两侧脂肪尤为严重。淋巴结增大。胸腹腔有水样黄褐色或黄红色的渗出液。

大网膜(胃的韧带)和肠系膜呈污黄色、多汁，肠系膜淋巴结肿大。肝肿大呈土黄色或红黄色，质脆弱，典型脂肪肝。肾脏肿大、黄染，三界不清。胃肠粘膜有卡他性炎症，附有少量粘液及褐红色的内容物。直肠有少量煤焦油样的粘稠稀便。慢性病例，尸体消瘦，皮下组织干燥，黄染不明显，肝肿大，呈粉黄、红色或淡黄色，质脆，切面组织干燥。肾被膜紧张，光滑，肾实质灰黄色或污黄色。胃肠有慢性卡他性炎症。

【治　疗】 应立即停喂变质霉败的动物性饲料，加喂维生素 E。对大群貂有重点地逐只检查，触摸腹股沟脂肪的变化，发现有脂肪肿块或下痢，都应列为治疗对象。

病貂每天分别肌内注射维生素 E 注射液 0.5～1 毫升，复合维生素 B 注射液 0.5 毫升，青霉素 20 万单位，地塞米松 1.25 毫克，每天 1 次，连续用药 3～5 天。身体消瘦的病貂，可皮下注射 25%葡萄糖 5～10 毫升。

【预　防】 要注意饲料的质量，加强冷库的管理，发现脂肪变黄或酸败的鱼、肉饲料，要及时处理或废弃。此外，以喂鱼类饲料为主的貂场，一定要注意或重视维生素 E 的补给。

维生素缺乏症

维生素缺乏症是动物体内维生素缺乏或不足所引起的综合性疾病征候群，在毛皮动物饲养过程中，是比较多见的。毛皮动物对维生素的要求较高，如果日粮中维生素缺乏或不足，严重影响毛皮动物的生长发育、繁殖和毛皮质量。它是影响毛皮动物饲养业发展的严重疾病之一，在饲养过程中必须引起足够的重视。

【病　因】 引起维生素缺乏的原因有：日粮的营养不全价，饲料内的维生素在加工调制过程中被破坏，饲料贮存过程中维生素被破坏，饲料中存在着相互拮抗的物质，吸收合成障碍，维生素添加剂调和不匀等。

【临床症状】 各种维生素缺乏症的表现如下。

①维生素 A 缺乏症：主要表现为生长发育缓慢，视力下降，繁殖机能障碍。患貂发病期有不同程度的神经症状，有明显的干眼病。仔貂腹泻，粪便内有大量的粘液和血液。维生素 A 不足时，大批动物出现肺炎样症状。

②维生素 E 缺乏症：常引起母貂不孕、死胎或流产，公貂睾丸上皮变性，精液品质下降。

③维生素 K 缺乏症：表现为新生仔貂大批死亡，具有明显的广泛性出血性素质。

④维生素 B_1 缺乏症：主要表现为运动失调，母貂产仔率下降，甚至产出死胎。剖检时，脑两侧均有出血区。

⑤维生素 B_2 缺乏症：表现为皮炎、被毛褪色和生长缓慢，色素沉着破坏，肌肉痉挛无力。

⑥维生素 B_3 缺乏症：主要表现为被毛褪色，皮肤脱屑及神经症状。

⑦维生素 B_6 缺乏症：公貂出现无精病，母貂引起空怀与胎儿死亡。健壮公貂尿结石的发生与维生素 B_6 缺乏有关。

⑧维生素 B_{12} 缺乏症：表现贫血，可视粘膜苍白，消化不良。

⑨维生素 H 缺乏症：会引起表皮角化，被毛卷曲及自身剪毛现象。

⑩维生素 C 缺乏症：妊娠母貂体内缺乏时，常常引起仔貂红爪病。易引起坏血病、腹泻和生长停滞。

【防 治】 为了预防各种维生素缺乏症，除了扩大动物的采食范围、种类及在日粮中补饲新鲜蔬菜、牛乳、鲜肝等外，必要时应加入各种添加剂，如酵母、鱼肝油等。一旦发病，应采取具体措施进行治疗。常用的维生素防治剂量见表 7-1。

表 7-1 水貂每千克体重维生素防治剂量 （单位：毫克）

剂 量	维生素种类							
	A(IU)	E	B_1	B_2	B_3	B_6	B_{12}	C
预防量	400～500	3～5	0.3～0.5	0.2～0.3	0.2～0.3	0.5～0.7	2～3	10～15
治疗量	500～600	15～20	0.6～1	0.3	0.5	1～1.5	10～15	20

佝偻病（磷、钙代谢障碍）

佝偻病是幼龄动物钙磷缺乏或代谢障碍引起成骨过程延迟、骨盐沉积不足、骨质钙化不良，未钙化的骨基质增多，长骨可呈现软化变形的病症。成年动物钙磷缺乏时，由于溶骨过程加强，已钙化骨基质的骨盐溶解增多，致使骨质逐渐脱钙，骨质疏松和软化，呈现骨质营养不良，可发生软骨病或纤维素性骨营养不良。

【病 因】

①钙磷摄入不足及吸收障碍：饲料中钙和磷的绝对含量不足，摄入量减少，或动物处于生长、发育、妊娠、泌乳时期，由于需要量增加而摄入量相对不足，可引起钙磷的负平衡。由于钙磷必须以溶解状态被吸收，因此任何妨碍钙磷溶解因素，如饲料中含过多的碱基或胃酸缺乏等，使肠道内 pH 值升高，或

饲料中含过多的植酸、草酸、鞣酸、脂肪酸等，使钙变为不溶性盐。或饲料中含过多的金属离子（如镁、铁、锶、锰、铝），与磷酸根形成不溶性的磷酸盐复合物等，均能影响钙磷的吸收。饲料中钙磷比例不适当，亦是影响钙磷吸收的常见因素。如钙过多，影响磷的吸收。磷过多，影响钙的吸收。有一种吸收不足，则影响骨盐的形成。饲料中缺乏维生素D或因肝、肾病变及甲状腺素分泌减少，使维生素D_3在肾脏形成不足时，可直接影响钙磷的吸收；胃肠道疾病或伴有蠕动加快时，由于肠的吸收机能障碍或肠内容物通过太快，可使钙磷吸收减少和体内钙磷含量减少；阳光照射不足，使维生素D_3的酰体转化困难。

②钙磷从体内排出过多：动物主要通过肠和肾排出钙和磷，当肠道分泌增多或发生下痢时，不仅饲料中的钙磷不能充分吸收，而且可使内源性的钙磷丧失。由于肾脏排泄钙磷受激素调节，因此凡引起甲状旁腺激素分泌减少，降钙素增多或肾小球重吸收机能障碍的各种因素，均可引起钙磷排出增多。此外，当慢性肾脏疾病伴有蛋白尿时，由于结合型钙从肾小球漏出和随尿排出，亦可引起体内钙的减少。

【临床症状】 1.5～4个月龄的幼貂易患此病。最明显表现是：肢体变形，最先发生于前肢骨，两前肢肘外向呈O形腿，有的病貂肘关节着地，以后后肢骨和躯干变形。有时发现小腿骨、肩胛骨及股骨弯曲。在肋骨和软骨结合处变形肿大，呈念珠状。仔貂佝偻病形态特征表现为头大，腿短弯曲，腹部增大下垂。有的仔貂不能用脚掌走路和站立，而用肘关节移行，由于肌肉松弛，关节疼痛步态摇晃，多用后肢负重，呈现跛行。定期发生腹泻，病貂抵抗力下降，易感冒或感染传染病。

患佝偻病的幼龄毛皮动物，发育落后，体型矮小。如不及时治疗,以后可转成纤维性骨营养不良。

【诊　断】 根据临床症状和剖检变化,可以诊断。辅助诊断可用 X 光透视检查,或用骨楔子比较骨疏松。

【治　疗】 通常加喂鱼肝油,补给维生素 D 500～1 000 单位/日,持续两周,以后转入预防量。同时,在日粮内投喂鲜碎骨或骨粉,也可肌内注射葡萄糖酸钙或维丁胶性钙,饲料中也可以加入钙片,增加日光浴。

【预防措施】 预防佝偻病,比治疗更为重要。日粮中保证维生素 D 的供给,必要时加入一定量的精制维生素 D。特别是日粮内骨粉缺乏或以肉、鱼的干燥品为主要饲料时,补加维生素 D 是非常必要的。

日粮(饲料)中钙、磷的比例要合理,毛皮动物一般应是 1∶1 或 1∶2,同时要增加运动和日光浴。

感　冒

感冒是机体不均等受寒引起的病理生理防御适应性反应,是全身反应的局部表现,是导致很多疾病的基础,是水貂的常见多发病。

【病　因】 气温突变是感冒的最根本原因。不管刮风、下雨、季节交替或局部小气候的变化,都是温度的骤变,使动物发生一系列病理生理变化,引起感冒。

【临床症状】 本病多发于雨后、早春、晚秋,即季节交替或突然降温之后,病貂表现精神不振,食欲减退,两眼半睁半闭。有泪,鼻孔内有少量水样鼻液,体温升高,鼻镜干燥,不愿活动,多倦卧于小室内。

【治　疗】 多用解热剂安痛定等注射液。为促进食欲,可用复合维生素 B 或维生素 B_1 注射液,每次 1 毫升。为防止继发症，可用青霉素或其他广谱抗生素，每天1次。一般连续用药5～7天，效果较好。症状轻的，用药3天即可治愈。对拒食的病貂，可用25%的葡萄糖液5～10毫升，维生素C、复合维生素B各1～2毫升，混合后皮下注射，每日1次。

【预　防】 加强饲养管理，提高动物抗病能力，气候变化时，要注意保温。特别是在寒冷季节运输种貂时要防止贼风的侵袭，饮水要少给勤添，以防弄湿运输笼内垫草或动物被毛，引起感冒。

急性胃肠炎

【病　因】 饲养管理不当，如吃腐败的饲料，饮水不洁。

诱因：通常胃肠内的常在细菌群虽是无害的，但当长途运输引起动物过度疲劳或感冒，机体抵抗力下降时，则可导致严重的危害。

继发于某些传染病和寄生虫病，如犬瘟热、巴氏杆菌病、大肠杆菌病、副伤寒和病毒性肠炎等。

【临床症状】

胃炎症状：病的初期食欲减退，有时出现呕吐，病的后期食欲废绝。口腔粘膜充血、干燥发热，精神沉郁，不活动。

肠炎症状：腹部蜷缩，弯腰弓背，肠蠕动增强，伴有里急后重，下痢，排出蛋清样灰黄色或灰绿色稀便，严重者可排出血便。体温变化不定，也可升到40℃～41℃或以上，濒死期则体温下降，肛门及会阴脱水，眼球塌陷，被毛蓬乱，昏睡，有的出现抽搐。主要表现胃肠粘膜肿胀、充血、覆盖以粘液，或有出血性溃疡，胃肠内空虚。肝充血、瘀血，色暗红，质地脆弱。脾变化不大。

【病　程】 一般病程急剧，多在1～3天或更长一点时间。由于治疗不及时或不对症而死。

【诊　断】 根据临床症状，确定胃肠炎并不困难。主要根据是粪便颜色和稠度。

有时卡他性胃肠炎容易与某些传染病相混同，必须加以鉴别。

【治　疗】 应着眼于大群防治，从饲料中排除不良因素，有条件的可加喂鲜牛奶或奶粉，必要时在饲料中加入一定量的广谱抗生素（土霉素、新霉素）或磺胺脒之类的抗菌药物。痢特灵最好不用，因其适口性差、毒性强。

个别的病貂，可单独治疗。为恢复与促进食欲，可肌内注射复合维生素B注射液。口服喹乙醇、敌菌净，混于饲料中吃下，如果病貂没有食欲，可混于少许蜂蜜中制成舔剂抹入口中。脱水严重者可皮下多点注射5%葡萄糖液。每点注射5毫升，总量15～20毫升。还可肌内注射维生素C注射液0.5～1毫升。青霉素或链霉素20万单位。

【预　防】 加强饲料的管理，严格控制来源不清、发霉变质的动物性饲料和谷物饲料，更要重视饲料室的卫生和管理。

仔貂消化不良

哺乳期仔貂消化不良，多发于水貂。其特征是排黄色稀便，国外称为黄色腹泻。

【病　因】 主要是母貂肠道疾病或乳腺疾病引起乳质不佳，而导致周龄内仔貂发生下痢。

如用劣质饲料喂泌乳母貂，小室内垫草不足，潮湿不卫生污染了母貂的乳头。幼貂发生胃肠炎时消化机能很脆弱，在有害变质的乳汁和不良的因素影响下很容易发生消化机能障碍。高蛋白质的奶汁在仔貂肠道内异常发酵，产生有害物质，刺激肠蠕动加快出现下痢，仔貂腹痛不安，“吱吱”作声，排出黄色消化不完全的稀便。

【临床症状】 一般消化不良，主要发生于初生后1周龄以内的仔貂，发育落后，腹部不饱满，叫声异常，粪便为液状，呈灰黄色，含有气泡，肛门污染稀便。仔貂粪便情况应注意观察，否则多数被泌乳母貂吃掉，不易觉察到。

本病具有局部发生的特点，即在个别窝发生。本病多为暂时性的，持续4～7天多数转归痊愈。

病理解剖：在肠管内有大量黄色液体状内容物，胃内有食物残渣或乳块，肠壁薄，肝脏常常呈黄色。

【诊　断】 根据下痢症状和发病日龄，即可作出初步诊断。

【治　疗】 本病虽然死亡率不高，但也应注意护理治疗，否则，也会造成仔貂损失。首先对泌乳母貂，根据病情进行适当的治疗。一般可通过母貂给药，即给泌乳母貂加入一定量的药物，通过母乳转给仔貂，达到治疗和预防的目的。

【预　防】 加强母貂泌乳期的饲养，保证给予优质、全价、易消化的饲料。注意产箱(小室)内的卫生，特别是仔貂开始吃食时，更要注意产箱内的卫生，及时清除箱内剩食或粪便。饲料中添加TM生态制剂亦有预防作用。

幼貂胃肠炎

幼貂胃肠炎，多发生于刚断乳的幼貂。此期幼貂胃肠机能很弱，一旦饲养方法不合理，卫生条件不良等，都会引起胃肠炎，并继发感染大肠杆菌病和副伤寒等。

【临床症状】 病初出现腹泻，粪便不正常，食欲减退，精神沉郁。病貂可视粘膜贫血，眼球塌陷，被毛焦燥，弓腰蜷腹，肛门或会阴被稀便污染。有的病貂出现呕吐，里急后重，严重者可出现脱肛现象。

病理解剖：尸体消瘦，可视粘膜苍白，急性经过者，胃肠粘膜有出血点或条状出血。肝脏浊肿，质地脆弱，捏之易碎。慢性经过者，肠壁菲薄。

【诊　断】 根据临床症状及病理解剖，可以作出诊断。

【治　疗】 因本病多发于断乳后的幼貂，如果治疗不及时，死亡率很高。

处方：萨罗 0.02 克，次硝酸铋 0.1 克，制成舔剂，1 次口服。

氯霉素注射液 0.25 毫升，每日 2 次肌内注射。

复合维生素 B 注射液 0.5～1.0 毫升，每日 1 次肌内注射。

5%葡萄糖注射液 5～10 毫升，皮下多点注射或直肠灌注。

【预　防】 仔貂断乳期，给予易消化新鲜饲料。饲具要经常消毒洗刷。如果饲料质量欠佳，可在饲料中加入土霉素，每只貂按 0.05 克混入饲料中，以达到预防之目的。

(四)水貂泌尿生殖系统疾病

尿湿症

尿湿症是水貂泌尿系统疾病的一个征候，而不是单一的疾病。有很多疾病出现尿湿症，如尿结石、阿留申病和黄脂肪病等。

【临床症状】 病貂后躯被毛被尿液浸渍，会阴部、腹部及后肢被毛浸湿，皮肤变红及湿疹，皮肤变硬、粗糙；排尿不直射、淋漓，走路蹒跚。如不及时治疗将造成死亡。多发生于40～60日龄的幼貂。

本病解剖变化不一致，其内脏变化各有所异。如果是急性黄脂肪病，机体营养状态良好，皮下脂肪黄染、多汁，肝肾亦黄染。如果是慢性黄脂肪病，机体营养状况不良，肝、肾黄土色。若继发于阿留申病，机体消瘦，营养不良，可视粘膜苍白，口粘膜有的有溃疡。

【诊　断】 根据临床症状，可以认为是尿湿症。

【治　疗】 根据病因的不同，可采取对症疗法和病因疗法。为防止感染可用青霉素、土霉素、链霉素等，勤换垫草，肌内注射维生素B和维生素E注射液。尿湿部位用双氧水或高锰酸钾水擦洗，对缓解局部症状有益。

流　产

流产是水貂发生妊娠中断的一种表现形式，从生殖道内流出死亡或发育不全的胎儿。但在很多情况下，看不到流产物，一般多被流产母貂吃掉。有时能看到母貂排出吃过胎儿的暗红色膏状的粪便，所以在日常管理中要注意观察。

【病　因】 引起水貂流产的原因很多，其主要原因是饲养上的错误。如饲料的突变，营养不全价，饲料霉败变质，冷藏过久，维生素补给不足或不当，饲料中混进异味引起动物拒食，外界环境不安，生殖器官的炎症等。妊娠的中后期特别容易引起流产。

【临床症状】 水貂多发生隐性流产，看不到流产的胎儿，但有时在笼网上或地面上能看到残缺的胎儿、恶露，有的能看到从阴道口流出恶露。母貂食欲不好或拒食。

【治　疗】 对已发生流产母貂，要防止子宫炎症和自身中毒。肌内注射青霉素，每次 10 万～20 万单位，复合维生素 B 注射液 0.5～1 毫升。

对不全流产的母貂，设法防止其胎儿死亡，常用复合维生素 E 注射液，肌内注射保胎药物孕酮。

【预　防】 在整个妊娠期，应保证饲料全价、蛋白质充足、新鲜、恒定。

烂胎败血症

死胎、烂胎、仔貂发育不均，母仔同归死亡使妊娠中断，常发生于怀孕的中后期。

【病　因】 妊娠中后期，饲料发生变化引起食欲的波动或拒食。在大型貂场出现大群拒食或剩食，是不好的预兆。发生在妊娠前期，易引起胎儿被吸收；发生在中后期，易引起流产、死胎、烂胎、母仔同死。

在整个怀孕期饲料质量不佳，轻度变质，或喂库贮时间较长的鱼类饲料或生喂肉联厂的下脚料，如鸡头、兔头等，易引起发病。有的地区用棉籽饼喂鸡，再用鸡产的蛋喂貂。因鸡蛋中棉酚残留量高，致使怀孕母貂流产、死胎、烂胎；患慢性传染病或发生犬瘟热，亦可出现此种现象。

【临床症状】 貂群食欲不好；孕貂腹围变小，或腹围较粗，到预产期不产仔，或产仔情况不好，仔貂生命力弱，发育不正常，怀孕后期引起妊娠中断，胎儿死在母体内，产死胎、烂胎、造成自身中毒母仔同死。

剖检流产的胎儿残缺不全，腐败糜烂。母仔同归死亡的母貂，营养状态良好，腹腔剖开，两子宫角内有发育不均等的死胎、烂胎。有的子宫角糜烂破裂、腐败，腹膜发炎，其他脏器表现自身中毒、败血症状。

【诊　断】 根据产仔情况和死、烂胎、流产等现象可以判定。

【治　疗】 从大群着手，调整怀孕母貂的饲料，给予新鲜营养全价的饲料。病母貂可肌内注射青霉素或链霉素；为促进食欲，肌内注射复合维生素 B 注射液。

难　产

水貂在人工驯养条件下，难产也是经常出现的产科病，特别是饲养管理不当时，更易出现此种现象。

【病　因】 怀孕期饲料不恒定，经常发生变化，造成怀孕母貂食欲波动或拒食，喂给腐败变质饲料；怀孕前期，饲料过于优厚造成母体过胖；由于胎儿发育不均，生命力弱，大小不等，死胎、畸形、胎儿水肿，母体产道狭窄；胎势、胎位异常等，都是发生难产的原因。

【临床症状】 多数母貂超出预产期时发病。病貂表现烦躁不安，呼吸迫促，行动不安，来回奔走，不停地往返于小室内外，有分娩动作，努责、排便，发出痛苦的呻吟。有的从阴道流出褐红色血样分泌物，后躯活动不灵活，常常两后肢拖地前进，患貂时而回视腹部，不时地舔外阴部。也有的胎儿前端露出外阴，夹在阴道内久久产不下来，母貂衰竭、精神委靡，子宫阵缩无力，往往钻进小室内蜷缩于垫草下不动，乃至昏迷。

【诊　断】 根据母貂已到预产期，并具备临产的表现，不见胎儿娩出，母貂进出小室不安，阴道内有血污排出，时间已超过 24 小时，可以视为难产。

【治　疗】 当发现母貂半日产不出胎儿，先行催产。肌内注射脑垂体后叶素注射液 0.3～0.4 毫升，间隔 20～30 分钟，可重复注射 1 次。经 24 小时仍不见胎儿产出，可进行人工助产。母貂肌内注射脑垂体后叶素注射液 0.2～0.5 毫升或肌内注射 0.05%麦角新碱 0.1～0.5 毫升。经 2～3 小时后仍不见胎儿娩出时，也可行人工助产。

助产时首先用消毒药液作外阴消毒（最好用 0.1%高锰酸钾液或新洁尔灭溶液），继之以甘油或豆油作阴道内润滑，用长嘴疏齿止血镊子将胎儿拉出。如遇有个别母貂经催产、助产无效时，可施行剖腹取胎。

乳房炎

【病　因】 乳房炎多由乳腺感染而发生。母貂乳汁不足，仔貂数量多，尤其在断乳前，仔貂相争吮乳，造成乳房损伤或咬伤，被细菌感染而发生乳房炎。母貂泌乳量大，仔貂吸吮力不强或仔貂死亡，使乳房蓄积过多的乳汁，造成郁滞性乳房炎。

【临床症状】 病貂精神不安，常在笼网内（运动场）徘徊，不愿进小室，拒绝仔貂吃奶，常将仔貂叼出小室，不去护理。由于仔貂不能及时哺乳，常常发出尖叫声，仔貂发育迟缓、停滞或被饿死。

触诊患貂乳腺红肿发热，乳房基部形成钮扣大小的硬结，有的乳头有伤痕、化脓。病情严重者，精神沉郁、拒食。

【诊　断】 根据母貂不愿护理仔貂，常在小室外徘徊，仔貂发育缓慢，腹部不饱满等征候，可怀疑为乳房炎。或将母貂捉住，检查乳房确诊。

【治　疗】 每日多次按摩患貂乳房，挤出乳汁。如果已感染化脓不可按摩，可用 0.25%奴夫卡因 5 毫升，青霉素 20 万单位，混合溶解后，在炎症周围健康部位作点状封闭。

局部化脓破溃，可用 0.3%雷佛奴尔溶液洗涤创面，然后涂以青霉素油剂或消炎软膏。对拒食母貂，皮下多点注射 2%

葡萄糖注射液10～20毫升，肌内注射复合维生素B注射液0.5～1毫升。

母貂患乳腺炎时，可将其仔貂代养。

【预　防】对产后表现不安或乳汁不足的母貂，应及时捕捉检查，如果是乳房炎，应尽快将仔貂代养。患貂给予及时治疗。

平时要加强母貂的饲养管理，保证小室和垫草的干燥和卫生。

第八章　水貂场的管理

水貂场的管理涉及范围广泛，本章着重对金州水貂场的劳动管理、貂群管理和日常管理作一概要介绍。

一、劳动管理

（一）定额管理

为了提高劳动生产率，降低费用支出，实行定额管理。每年的1月1日至6月30日，每名饲养员饲养种貂的基本定额为种母貂130只，种公貂30只。实际饲养定额为每名饲养员饲养母貂260只，种公貂60只。超出基本定额部分，适当增加工资。每年的7月1日至12月31日，每名饲养员饲养水貂的基本定额为771只（老、幼、公、母、种、皮混群），增加1名辅助工后实际饲养定额为1542只。在此基础上再增加饲养数量，适当相应增加工资（上述是在完全人工饲养条件下的饲养定额。机械化水平提高之后，饲养定额将重新调整）。

（二）指标管理

1. 水貂的群平均育成指标　根据貂群的组建年限确定。共分4个档次：第一年3.8只，第二年4.0只，第三年4.2只，第四年4.4只。6月末按指标计算，每超产1只兑现1份奖金，反之扣罚奖金。

2. 水貂的死亡限制指标（7月1日至11月15日）　定为饲养貂群总数的5%，年末计算实际死亡数量比指标数少死1只兑现1份奖金，反之扣罚奖金。

3. 水貂的皮张质量指标　根据取皮后每张貂皮的等级与尺码，以优质皮张的多少，按小分累计的方法计算奖金数额，取皮结束后1次兑现。具体标准参照下列优质皮张的等级和尺码的得分（表8-1）。

表8-1　水貂皮张质量与得分表

等　级	140%	130%	120%	110%
一等皮	4	3	2	1
二等皮	3	2.25	1.50	0.75

水貂饲养定额与工资、生产指标及奖罚措施的制定由饲养科负责，经职代会讨论通过，报场部批准，由饲养科执行。水貂饲养定额与工资、生产指标与奖金的核算，由各饲养队负责，经饲养科审核，报场部批准，由劳资科执行。

（三）人员管理

金州水貂场生产一线的人员管理，实行主管场长领导下的饲养科负责制。饲养科下设1个饲料车间和5个饲养队，每个队设队长1人，技术员1人。在人员管理上实行逐级聘用制，场长聘科长，科长聘队长，队长聘饲养员，并逐级建立了岗位责任制，一级对一级负责。明确以6月末群平均育成数和年末死亡率为数量考核指标，以年末皮张的毛绒品质、等级与尺码为质量考核指标，并制定了相应的奖罚措施。不管企业的整体经营状况如何，落实到生产一线的各项生产指标及奖罚措施必须一丝不苟地严格执行，从而极大地调动了一线职工的生产工作积极性。场部注重人员的素质提高，加强理论业务的培训、学习，建立了考绩制度和档案。

（四）劳动纪律

劳动管理主要由饲养队长和技术员共同负责。必须严格遵守场内的各项规章制度和各项劳动纪律，严格执行饲养管理规程，配种、取皮操作规程，必须遵守安全规程，上岗工作要配备必要的劳动保护用品，掌握必要的安全知识，严格遵守和贯彻执行各项经济承包方案。

二、貂群管理

种貂质量标准，决定产品质量档次，它既关系到企业效益的高低，更关系到企业在市场上的竞争地位。企业必须加强优良品种的引进和新品种的培育工作，注意根据市场的需要随时调整产品结构，并注意加强对貂群的日常管理工作。

（一）貂群清点

以一个基本定额貂群为单位，每月清点1次，逐级向上汇报到饲养队、饲养科，累计上报到场部及财务科，以便从上到下随时掌握貂群的变动情况。

（二）貂群划分

按品种类型可分为标准貂群、彩色貂群；按生产目的可分为育种核心群、育种群和商品生产群；按选育方法可分为纯种繁育群、杂交繁育群；按生产目的可分为种貂群、皮貂群；按质量可分为优质群、一般群；按生产水平可分为高产群、低产群；按照市场需要可分为保留品种群、发展品种群、开发品种群；按照来源可分为引进品种群、培育品种群等。全场种貂以优质种群、高产稳产种群、发展种群和育种种群为主，以保证生产的水平和经济效益；匹配发展保留品种群、开发品种群，以适应市场变化，增强企业发展的后劲。

（三）貂群摆布

根据每栋定额情况，貂群分类情况，按照年龄、性别等依次将貂群安排到适当的位置，进行有秩序的摆布，便于生产管理。

（四）貂群平衡

每年的 6 月末至 7 月初，在全场范围内，根据生产情况及下半年的饲养定额，进行貂群平衡，使饲养员均衡承担对貂群的饲养管理任务。

（五）貂群调整

根据育种和产品结构调整后的需要，有计划地撤销貂群或重新组建貂群，大批量调出或调进貂群。

三、日常管理

（一）饲料管理

水貂的饲养，饲料是关系生产成败的先决条件。水貂属于肉食性动物，决定它的饲料构成必须以肉食为主，在饲料的搭配和饲喂上要特别注意品质要新鲜，蛋白质、脂肪与碳水化合物三大营养物质的比例搭配必须合理，品种要相对稳定，要有较好的适口性，饲料的给量要科学合理，要特别注意各种维生素和微量元素的供给。饲料供应计划，由饲养科制定，经场长批准后由采购科负责进货。关键生产时期的饲料单每年更改4次，由饲养科制定，经场长批准后执行。饲料单的局部调整由饲养科根据生产实际需要随时进行。

（二）生产管理

除常年不断的日常饲养管理工作以外，水貂场每年要进行水貂的配种、产仔、取皮、血检、貂群平衡、进出种貂、疫苗接种等生产活动。为了确保这些工作有条不紊地顺利进行，必须履行如下生产管理制度。

第一，每项重大的生产活动之前，制定相应的工作方案，进行周密的组织安排，使大家明确各项活动的目的、意义、方法、步骤、技术要求和注意事项，以及每个参加者应尽的责任、义务等。

第二，各项活动之前都要进行技术培训，活动过程中进行现场指导，工作结束后进行总结，交流经验，从而逐年提高人员素质和工作质量。

第三，为了保证生产和貂群的健康，严格执行饲养管理规程和卫生防疫规程，并采取相应的奖罚措施。

第四，为了掌握貂群变动、饲料利用和生产质量情况，每月进行1次貂群清点，核对1次饲料用量，半年进行1次生产情况、皮张质量情况的统计。

（三）技术管理

水貂的饲养技术属于应用科学范畴，它包括饲养管理技术、繁殖育种技术、疫病防治技术、产品加工技术等许多方面，具有较高的科技含量。因此，必须紧紧围绕生产实际，开展各种形式的科研和科技开发工作，解决生产实际中遇到的各种疑难问题，为企业的发展引入新技术，注入新的经济增长点。

1. 水貂的饲养管理技术　主要包括饲料配制、饲料加工、貂群管理等。饲养管理的主要任务就是满足水貂各期营养需要，维持水貂正常生命活动和繁衍后代需要，创造一个有利于水貂栖息、繁殖、换毛的自然环境条件和饲料条件。

2. 水貂的繁殖育种技术　主要包括体况控制、发情鉴定、放对配种、妊娠期管理、产仔保活、仔貂育成、选种选配、杂交改良、新品种培育、调整调拨种貂、更新貂群等。目的是为了提高生产水平和产品数量，提高种群质量和产品档次。

3. 水貂的疾病防治技术　主要包括饲料、饲养用具及周边环境卫生，三大疾病的检验、检疫和疫苗接种，普通疾病的预防和治疗。目的是为了控制疾病，提高健康水平和成活率。

4. 水貂的产品加工技术　毛皮的初加工技术包括毛皮成熟鉴定、处死、剥皮、刮油、洗皮、上楦、烘干、验质、打尺；毛皮的深加工技术包括鞣制、染色、配料、裁制、缝制、成衣等项技术。目的是为了加工制作各种档次的裘皮制品，促进产品的转化增值，创造优质名牌产品，参与市场竞争，增加企业经济效益。

5. 积极推广应用新成果、新技术　金州黑色标准水貂育种，褪黑激素的推广应用技术，水貂阿留申病疫苗的应用等。

(四)档案管理

1. 建立水貂生产和技术档案的主要作用　便于随时了解全场生产情况，掌握第一手材料，做到心中有数；通过搜集整理、归纳总结，可以透过现象看本质，了解水貂生长发育及繁殖的内在因素，掌握规律性的东西，掌握指导生产和科研的主动权。

2. 生产和技术档案的内容

(1)饲养管理方面　包括饲料计划、饲料单、饲料增减量表、混合饲料用量统计表、各种饲料用量统计表、饲料费用统计表等。

(2)繁殖育种方面　包括谱系表、放对计划表、生产登记表、配种记录、配种日报、配种进度表、产仔记录、产仔日报、产仔进度表、仔貂分窝登记、生产情况统计、体长体重测量记录、貂群清点表等。

(3)疫病防疫方面　包括发病记录、治疗记录、疫苗接种记录、水貂阿留申病检测结果统计等。

(4)生产管理方面　包括育种方案、配种方案、取皮方案、貂群平衡方案、血检方案、疫苗接种方案、水貂皮张等级尺码统计表、三项指标完成情况统计等。

(5)科研和科技开发方面　包括可行性研究报告、立项报告、科技成果鉴定材料、科技进步奖推荐材料、专家鉴定意见、获奖证书、著作和论文等。

附录 1

金州水貂场水貂管理月份计划

一　月

科学制定准备配种期饲料配方，准确掌握种貂的喂食量，合理调整种貂的繁殖体况。搞好种貂的疫苗接种工作。搞好种貂的发情鉴定，编制种貂谱系，查找血缘关系。制定选配计划，合理调整种貂垫草量。逗引种貂增加活动，增进体质健康。保证充足清洁的饮水，彻底清理笼箱卫生。

二　月

继续做好体况调整、发情鉴定。种公貂适时补饲。制定配种工作方案，做好配种前的各项准备工作，编制放对计划。搞好人员的技术培训和劳动组织安排、配种用品及劳保用品的领取、发放和人员的生活安排。

三　月

按照配种方案的要求，搞好水貂放对配种及种貂的饲养管理，特别是种公貂的补饲和配种登记、记录工作。搞好配种日报和配种进度的统计，解决好配种工作中遇到的各种实际问题。做好配种结束后的取皮收尾和留种公貂的体况恢复工作。

四　月

科学制定妊娠期饲料单，合理掌握喂饲量，严格把好饲料质量关，做到品质新鲜，种类稳定、营养完全，易于消化，适口性强。认真搞好种母貂的补饲，加强饮水，搞好卫生，保持安静。产前絮好窝草，安排好产仔期的值班和产前的各项准备工作。

五　月

认真检查产仔情况，做好记录。搞好仔貂的代养及保活，母貂的饲养管理及补饲，难产母貂的催产和患乳房炎母貂的治疗工作。做好产仔日报和产仔进度的统计，分窝用笼舍消毒及分窝的准备工作。

六　月

及时做好仔貂的分窝、登记、初选和分窝后的补饲及疾病的防治工作。搞好貂群的摆布和初选淘汰种母貂的褪黑激素埋植工作。

七　月

制定育成期饲料单，满足食量供应。搞好上半年的生产情况统计和貂群平衡工作。认真及时进行疫苗接种工作。搞好笼舍及饲养用具卫生、防暑及黄脂肪病的防治工作。

八　月

加强饲养管理，搞好卫生，预防疾病，尤其要全力做好防暑工作。

九　月

制定换毛期饲料单，做好破旧笼箱的修补工作，促进水貂的发育和换毛。做好种貂销售和服务工作。

十　月

加强饲养管理，将种皮貂分群饲养，促进水貂快速换毛。做好活体梳毛工作。做好种貂的复选、血检和阿留申病阳性貂的淘汰工作。

十一月

认真细致地做好种貂终选定群工作。制定取皮方案，做好取皮人员的技术培训、组织安排、工具用具及劳保用品的准备和发放工作。严格把好水貂取皮的质量关，不能因为取皮而忽视正常的饲养管理。

十二月

继续做好取皮及收尾工作。做好貂皮的整理、验质、等级、尺码的统计和包装、保管工作。加强种貂的垫草保温。及时上报水貂死亡情况的统计。做好全年工作的总结。召开场内生产技术经验交流会。

附录 2

金州黑色标准水貂品种标准

本标准适用于金州黑色标准水貂的品种鉴别、种貂等级鉴别及评价。

1. 体型外貌

1.1 头部:头型轮廓明显,面部短宽,嘴唇圆,鼻镜湿润、有纵沟,眼圆明亮,耳小。公貂头型较粗犷而方正;母貂头小较纤秀,略呈三角形。

1.2 躯干:颈短而粗圆,肩、胸部略宽,背、腰略呈弧形,后躯丰满,匀称,腹部略垂。

1.3 四肢:较短而粗壮,前后足均具五趾,后足趾间有微蹼,爪尖利而弯曲,无伸缩弹性。

1.4 体重(11 月份):公貂 2.1～2.6 千克,母貂 0.9～1.1 千克。

1.5 体长(11 月份):公貂 42～48 厘米,母貂 36～42 厘米。

1.6 体质健壮。

2. 毛绒品质

2.1 毛色:深黑,背腹毛色一致,底绒深灰,下颌无白斑,全身无杂毛。

2.2 毛质:针毛平齐,光亮灵活,绒毛丰厚、柔软致密,无伤残缺陷。

2.3 毛长度:背正中线 1/2 处针毛长,公貂 20～22 毫米,母貂 19～21 毫米;绒毛长,公貂 13～14 毫米,母貂 12～13 毫米。针、绒毛长度比 1∶0.65 以上。

2.4 毛细度:背正中线 1/2 处针毛最粗部位 53～56 微米,绒毛 12～14 微米。

2.5 毛密度:背正中线 1/2 处冬毛密度 12 000 根/平方厘米以上。

3. 繁殖性能 幼貂 9～10 月龄成熟,年繁殖 1 胎,种用年限 3～4 年。公貂参加配种比率 90%以上,母貂受配率 95%以上,产仔率 85%以上,胎平均产仔 6 只以上,年末群平均成活 4.2～4.5 只。仔貂成活率(6 月末)85%以上,幼貂成活率(11 月末)95%以上。

4. 生长发育 仔、幼貂生长发育迅速,尤其是断乳至 4 月龄生长发育速度更快,6 月龄接近体成熟。公貂 6 月龄体重 2 100±41.5 克;母貂 6 月龄体重 1 180±35.3 克。

5. 种貂分级标准

5.1 鉴定等级标准:种等级鉴定分成年貂(1 周岁以上)和育成貂,分别进行。种貂品质鉴定均分 3 个等级,见附表 1 和附表 2。

5.2 鉴定时间:1 年鉴定 3 次,第一次在繁殖期结束后,第二次在 10 月中旬,第三次在取皮前 1 周进行。

5.3 第一次(初选)由饲养员按种貂分级标准进行自选;第二次(复选)由场技术员负责选种;第三次由场育种工作领导小组集体把关,经综合评定后选留、定群。

5.4 种貂留种原则:种公貂应达一级以上,二级不能留种;种母貂应达二级以上。经产成年貂留种数量应占种貂的 60%以上。

6. 种貂调出要求

6.1 种貂调出时间为 9 月中、下旬，幼貂达 5 月龄以上。

6.2 种貂应达到规定的留种标准。

6.3 种貂体质健壮，已注射过犬瘟热和病毒性肠炎疫苗。

6.4 种貂谱系清楚，并带有种貂卡片。

6.5 推荐公母貂引种比例为 1∶3～1∶5。

6.6 应有由场方签发的种貂调出合格证和有关部门出具的检疫证明。

附表 1 成年貂等级标准

项目	特级		一级		二级	
	公	母	公	母	公	母
毛色	深黑色		黑色		黑褐色	
毛质	短平细亮		短平亮		平亮	
体况	健壮丰满		健壮		健壮细致	
配种能力	强		强		较强	
母貂胎产(只)	>8		>6		>5	
断乳成活(只)	7		6		5	
秋季换毛	9 月中旬前		9 月下旬前		10 月上旬前	

附表 2　幼龄水貂等级标准

项目	特级		一级		二级	
	公	母	公	母	公	母
断乳重(克)	≥390	≥350	＞350	＞320	＞310	＞300
11月份体重(千克)	＞2.2	＞1.0	＞2.0	＞0.9	＞1.8	＞0.85
11月份体长(厘米)	＞48	＞39	＞45	＞38	＞40	＞36
窝产仔数(只)		＞8		＞6		＞5
窝产仔成活(只)		7		6		5
秋季换毛	9月20日前		9月30日前		10月10日前	
毛色	深黑色		黑色		黑褐色	

附录 3

金州水貂场常用统计和计算方法

1. 受配率　用于配种期考察母貂交配进度的数字。

$$受配率(\%)=\frac{达成配种母貂数}{参加配种母貂数}\times 100$$

2. 产仔率　用于调查母貂妊娠情况。

$$产仔率(\%)=\frac{产仔母貂数}{实配母貂数}\times 100$$

3. 胎平均产仔数　用于了解母貂产仔能力的测定。

$$胎平均产仔数=\frac{仔貂数(包括死胎和死仔貂)}{产仔母貂数}$$

4. 群平均育成数　用于了解整个貂群的生产水平。

$$群平均育成数=\frac{群成活仔貂数}{群参加配种母貂数}$$

5. 成活率　用于衡量仔、幼貂成活率。

$$成活率(\%)=\frac{成活仔貂数}{所产仔貂数}\times 100$$

6. 年增殖率　用于衡量年度貂群变动情况。

$$年增殖率(\%)=\frac{年末貂数-年初貂数}{年初貂数}\times 100$$

7. 死亡率　用于了解貂群发病死亡情况。

$$死亡率(\%)=\frac{死亡貂数}{全群貂数}\times 100$$

附录 4

金州水貂场常用饲料营养成分表 （单位:克/100 克）

饲料种类	干物质（%）	蛋白质	脂　肪	碳水化合物	灰　分	代谢能（千焦）
海杂鱼	15.3	12.4	2.0	—	0.9	314
黄花鱼	19.1	17.2	0.7	0.3	0.9	317
带　鱼	22.4	15.9	3.4	2.0	1.1	418
青　鱼	18.7	16.4	1.1	—	1.2	322
鳕　鱼	20.3	16.5	1.0	—	2.8	355
海鲶鱼	23.1	13.9	4.7	3.1	1.4	460
剥皮鱼	21.4	19.2	0.5	—	1.7	330
马口鱼	19.4	15.0	3.2	0.2	1.0	439
瘦牛肉	23.8	20.6	2.0	—	1.2	451
禽内脏	12.9	8.7	3.6	—	0.6	305
水貂肉	31.3	16.1	9.5	0.7	5.0	681
狐狸肉	49.3	12.5	31.9	0.7	4.2	1484
鸡　蛋	21.4	10.8	9.2	0.4	1.0	568
奶　粉	95.0	25.6	26.7	37.0	6.0	2052
玉米面	86.6	9.0	4.3	72.0	1.3	1517
豆　饼	88.2	41.6	1.1	39.4	6.1	1187
羽毛粉	89.9	81.42	1.03	—	7.39	—
酵母粉	91.7	52.4	0.4	34.2	4.7	1264
小白菜	4	1.1	0.1	2.0	0.8	54
南　瓜	10.9	1.1	0.5	5.0	0.7	125

小猪科学饲养技术 5.50元

小猪科学饲养技术(修订版) 5.50元

母猪科学饲养技术 6.50元

猪饲料配方700例 6.50元

猪饲料配方700例(修订版) 7.50元

猪瘟及其防制 7.00元

猪病防治手册(第三次修订版) 11.00元

猪病诊断与防治原色图谱 17.50元

养猪场猪病防治(修订版) 12.00元

猪繁殖障碍病防治技术(修订版) 7.00元

猪病针灸疗法 3.50元

猪病中西医结合治疗 10.00元

猪病鉴别诊断与防治 9.50元

断奶仔猪呼吸道综合征及其防制 5.50元

仔猪疾病防治 7.00元

养猪防疫消毒实用技术 5.00元

猪链球菌病及其防治 4.50元

猪细小病毒病及其防制 5.00元

猪传染性腹泻及其防制 6.50元

实用畜禽阉割术(修订版) 6.50元

新编兽医手册(修订版)(精装) 37.00元

兽医临床工作手册 42.00元

畜禽药物手册(第二次修订版) 33.00元

兽医药物临床配伍与禁忌 22.00元

畜禽传染病免疫手册 9.50元

畜禽疾病处方指南 53.00元

禽流感及其防制 4.50元

养禽防控高致病性禽流感100问 3.00元

人群防控高致病性禽流感100问 3.00元

畜禽营养代谢病防治 7.00元

畜禽病经效土偏方 8.50元

中兽医验方妙用 8.00元

中兽医诊疗手册 39.00元

家畜旋毛虫病及其防治 4.50元

家畜梨形虫病及其防治 4.00元

家畜口蹄疫防制 8.00元

家畜布氏杆菌病及其防制 7.50元

家畜常见皮肤病诊断与防治 9.00元

家禽常用药物手册(第二版) 7.20元

禽病中草药防治技术 8.00元

特禽疾病防治技术 9.50元

禽病鉴别诊断与防治 6.50元

常用畜禽疫苗使用指南 15.50元

无公害养殖药物使用指南 5.50元